$$V = \frac{\pi r^2 h}{3}$$

$$V = a^3$$

$$V = \pi r^2 h$$

$$a^3 - b^3 = (a$$

$$(a+b)^2 = a$$

$$+\cos^2 x = 1$$

$$\cos \alpha = \frac{b}{c}$$

$$f(x)$$

$$S = \pi R^2$$

$$S = 6a^2$$

$$\sin \alpha = \frac{a}{c}$$

$$p = \frac{1}{2}(a+b+c)$$

$$r = \frac{a}{2}$$

$$\sin 2x = 2 \sin x \cos x$$

$$S = ab$$

$$y = 2x^2$$

$$\sin x = \frac{a}{c}$$

$$d_1^2 + d_2^2 = 4a$$

$$a^2 - b^2 = (a-b)(a+b)$$

$$ax^2 + bx + c = 0$$

$$V = \frac{\pi r^2 h}{3}$$

$V = a^3$

$\sin^2 x + \cos^2 x = 1$

$V = \pi r^2 h$

$a^3 - b^3 = (a-b)(a^2+ab+b^2)$

$(a+b)^2 = a^2 + 2ab + b^2$

$r = \frac{a}{2}$

$\sin 2x = 2\sin x \cos x$

$\cos \alpha = \frac{b}{c}$

$f(x)$

$S = \pi R^2$

$S = ab$

$y = 2x^2$

$\sin x = \frac{a}{c}$

$S = 6a^2$

$d_1^2 + d_2^2 = 4a$

$\sin \alpha = \frac{a}{c}$

$a^2 - b^2 = (a-b)(a+b)$

$p = \frac{1}{2}(a+b+c)$

$ax^2 + bx + c = 0$

原來如此！

數學是個好工具

著——吳軍

時報出版

開始
上課啦！

我們通常把數學知識當作數學，但這其實是一種誤解。

學習數學，不應該以懂得多少數學公式為目標，而是要從鍛鍊解決問題的過程中，學習所用到的思維方法。有數學思維的人，不僅做事有條理，而且擅長獨立思考，更能多角度開闢思維點，進行逆向思考。這樣的人在學習中很容易做到舉一反三，對所學知識活學活用，成績自然不差。我在這本書裡精選了 20 個對人類數學發展史產生重要影響的數學問題，透過故事的形式，讓大家瞭解每個問題解決背後的過程、相關科學家軼事，以及這些問題對應的數學定律在人類生活中的重要影響；讓人們去感受這些科學家在數學問題上閃耀著的智慧光芒，去探究數學發展史上人類探索的脈絡；讓人們學會用數學的眼光觀察現實世界，用數學的思維思考現實世界，用數學的語言表達現實世界。

contents

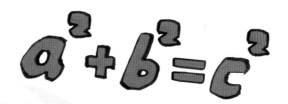

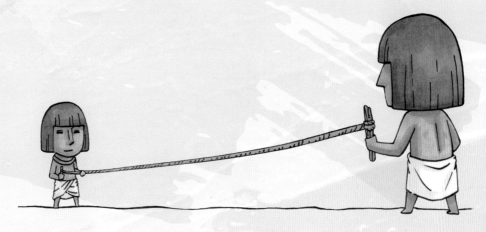

contents

圓周率是怎麼算出來的？

π 的發展史

思考　為什麼不能把圓周率簡單定為 3 ？

　　圓是常見的形狀，從盛菜的盤子、汽車的輪子，甚至天上的太陽和月亮，都是圓的；圓也是特別的，它難以測量，不好計算，但古希臘著名學者畢達哥拉斯卻認為，圓形是完美的。

我們當中有一個叛徒。

　　人類認識和利用圓的歷史非常悠久。早在蘇美人統治美索不達米亞時期，他們就發明了輪子。但由於圓周是彎曲的，不同於線段組成的長方形和三角形，所以圓的周長和面積都

很不好計算。

　　在許多早期文明裡，當人類祖先費盡心思用很多方法測出圓的周長後，他們陸續發現，無論圓有多大或多小，用**圓的周長除以圓的直徑**，都會得到一個固定的數值。因此，人們便給這個神奇的數取了一個專有名詞，叫作「圓周率」。在很長的時間裡，各國數學家用不同的符號表示這個特定的數，但這樣不便於交流。所以，到了 18 世紀，數學家採用希臘字母「π」代表圓周率，而這個習慣沿用至今。問題是，π 是多少呢？其實，人們計算圓周率的過程經歷了五個階段。

智慧就是化曲為直。

階段一：從經驗出發
——測量估算

早期對圓周率的估算只能從經驗出發，或者說，是靠測量。例如，埃及學者猜測在古埃及，人們透過測量、估算和對比，將它近似為 $\dfrac{22}{7}$

≈ 3.143，而古印度人則用了一個更複雜的分數 $\frac{339}{108} \approx 3.139$ 來表示。其他早期文明也都有關於對圓周率估算的記載。但是不同的人測量的方法不同，得到的圓周率的值也各不相同。除了 $\frac{22}{7}$ 這個曾經被多個文明採用的估值外，各個文明對圓周率的估值也各不相同。通過經驗對圓周率進行估算，是人類計算這個神奇數值的第一個階段。

階段二：從周長推算—— 幾何方法

在歐幾里得建立起歐氏幾何之後，人們發現，圓的周長介於它的**內接多邊形**和**外切多邊形**周長之間，而且，多邊形的邊越多，它的周長就越接近圓的周長。這是人們第一次不用經驗，而靠數學的方法來計算圓周率的值。著名數學家阿基米德就用這種方法，透過

note

如果一個多邊形的所有頂點都在同一個圓上，那麼這個多邊形就叫作這個圓的「內接多邊形」。

如果一個多邊形的每一條邊都和它內部的圓相切，那麼這個多邊形就叫作圓的「外切多邊形」。

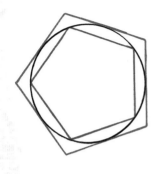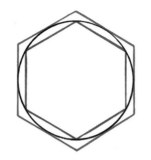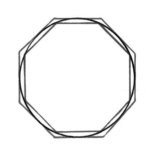

多邊形邊數越多，對圓周長的估算越準確。

計算邊數非常多的內接多邊形和外切多邊形的周長，給出了圓周率的範圍，即在 $\frac{223}{71}$ 到 $\frac{22}{7}$ 之間，也就是說，在 3.1408 和 3.1429 之間。

因此，今天圓周率也被稱為「阿基米德常數」。西元 150 年前後，著名天文學家托勒密給出了當時最準確的圓周率估值 3.1416。300 多年後，祖沖之將這個常數的精度擴展到小數點後

阿基米德

沒錯，浮力定律、槓桿定律、球體表面積和體積的計算方法都是我發現的。

7 位，即 3.1415926-3.1415927。這是人類估算圓周率的第二個階段，即用幾何的方法計算 π。

西元 14 世紀之後，隨著代數學的發展，數學家能夠解出比較複雜的**二次方程式**了，於是，阿拉伯和歐洲的數學家可以透過解二次方程式，不斷增加內接和外切多邊形的邊數，從而不斷提高圓周率估算的精度。

但是這個方法實在太複雜，例如，西元 1630 年奧地利天文學家克里斯托夫·格里恩

粗略地說，二次方程式是未知數的最高次數是 2 的方程式，

例如：

$2x+3=5$ 是一次方程式，

$X^2+2X+1=0$ 是二次方程式。

伯格在將圓周率計算到小數點後 38 位時，用了 10^{40} 個邊的多邊形。10^{40} 是一個巨大的數字，如果我們把地球上海洋裡的水都變成一個個水滴，那麼水滴的個數也只有這個數字的一兆分之一。可以想像，要想靠這種方式繼續提高圓周率的精準度，難度有多大。

直到今天，格里恩伯格依然是利用內接和外切多邊形估

算圓周率的世界紀錄保持者。這倒不是因為今天無法再增加多邊形的邊數，而是沒有必要，因為數學家已經找到了更好的數學工具來估算圓周率——數列。

階段三：從數列出發——代數方法

人類計算圓周率的第三個階段是使用數列。在這個階段，圓周率的計算被大大簡化了。西元 1593 年，法國數學家弗朗索瓦・韋達發現了一個公式：

$$\frac{2}{\pi} = \frac{\sqrt{2}}{2} \cdot \frac{\sqrt{2+\sqrt{2}}}{2} \cdot \frac{\sqrt{2+\sqrt{2+\sqrt{2}}}}{2} \cdots$$

看起來就像俄羅斯娃娃。

根據這個公式，我們可以直接計算圓周率。你看，這個公式由很多因數相乘，其中分子後面一個數，都比前面一個數多一個 2，而且它的位置也很有規律，有興趣的人可以計算一下，越往後，新增的因數就越接近 1，乘得越多，精準度越高。當然，在沒有電腦時，開根號運算也不太容易。於

是西元 1655 年，英國數學家約翰・沃利斯發現了一個不需要**開平方根**的計算公式：

$$\frac{\pi}{2} = \left(\frac{2}{1} \times \frac{2}{3}\right) \times \left(\frac{4}{3} \times \frac{4}{5}\right) \times \left(\frac{6}{5} \times \frac{6}{7}\right) \times \cdots\cdots$$

利用這個公式，只要做一些簡單的乘除計算，就可以得出 π 的值。

階段四：微積分登場

區區圓周率難不倒我。

在牛頓和萊布尼茲發明了微積分之後，圓周率的計算就變得非常簡單了。牛頓用三角函數的反函數做了一個小練習，輕鬆就將圓周率計算到小數點後 15 位。在此之後，很多數學家都把計算圓周率當作練習

π＝3.1415926535897932
3846264338327950 28
8419716939937510 58
2097494459・・・

的工具，並且很輕鬆地就將它估算出了幾百位。現在，將圓
周率多計算幾位已經不是什麼了不得的事情，大家甚至將它
當作一種智力遊戲。

階段五：電腦工具

今天有了電腦，懂得
程式設計的人可以用電
腦輕而易舉地將圓周率
計算出任意有限位。例
如，西元 2002 年，電腦將 π 算
到了小數點後一萬億位，不過，需要指出

π = 3.14159 26535 89793
23846 26433 83279 50288
41971 69399 37510 58209
74944 59230 78164 06286
20899 86280 34825 34211
70679 82148 08651 32823
06647 09384 46095 505...

你知道一萬億位
有多長嗎？

的是，今天用電腦計算時，其演算法仍然是基於微積分的。可以說，人類估算圓周率的歷史，就是數學發展史的一個縮影：最先是從直覺和經驗出發估算圓周率，然後是使用幾何的方法計算，再來，人們終於找到了代數的方法、微積分的方法，再往後，人類就學會使用電腦解決數學問題了。從這段歷史我們可以看到數學工具的作用——要想解決更難的數學問題，就需要更強大的數學工具。

圓周率的大用途

瞭解了圓周率的發展史，你可能會好奇，為什麼幾千年來，人類要樂此不疲地計算它呢？為什麼不能簡單地使用 $\frac{22}{7}$ 這樣的近似值替代小數點後無數位數的 π 呢？

簡單地講，解決實際問題時，人們會經常用到圓周率，而且對它的精準度要求非常高。例如，在近代的工業革命中，發明各種機械就離不開和「圓」相關的計算，大到火車，小到鐘錶的設計和製造，都需要準確計算圓周運動的速度和週期。

在天文學上，我們計算地球自轉和公轉的週期，以及日

小小的 π 改變了
大大的世界。

月星辰的位置，也都要用到圓周率。如果我們在計算時使用
的圓周率精準度不夠，很可能失之毫釐，差以千里。在現代
科技領域，圓周率的應用更加廣泛，例如，我們手機用的
GPS（全球定位系統）也離不開精準的圓周率。

與建造金字塔息息相關
的計算知識

畢氏定理

思考　數學的證明和自然科學的證實差別在哪裡？

你一定聽說過畢氏定理，它講的是直角三角形的兩個直角邊的平方和等於斜邊的平方。

這幾個字怎麼唸呢？

各文明對畢氏定理的認識過程

在中國，這個定理被稱為「勾股定理」。這是因為勾和股是中國古代對直角三角形兩條直角邊的叫法。據漢朝《周髀算經》記載，早在西元前 1000 年時，周公和商高兩個人就談到了「勾三股四弦五」這件事。也就是說，如果直

角三角形中直角的兩鄰邊分別是 3 和 4，那麼斜邊的長度則是 5。顯而易見，$3^2 + 4^2 = 5^2$。

在西方世界，這個定理被稱為「畢達哥拉斯定理」。畢達哥拉斯是生活在西元前 6 世紀的古希臘著名數學家，比《周髀算經》中記載的周公和商高晚了 400、500 年。

而比周公和商高更早約 1500 年，古埃及人建造大金字塔時，已經按照**畢氏三元數**來設計墓室的尺寸了。在古夫金字塔中，法老墓室的尺寸很有趣，引起了學者們很大的興趣。按照古埃及的長度單位，除了墓室的高不是整數，其長、寬、側面牆的對角線長度、兩個最遠頂點之間的距離都是整數，而且長和寬的比例為 2：1。

在人類另一個

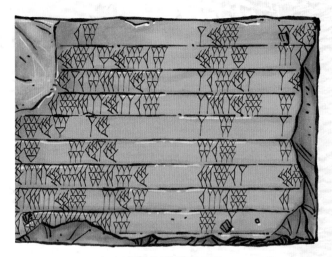

古人記載的畢氏三元數。

文明中心——美索不達米亞，早在西元前 18 世紀左右，古巴比倫人就掌握了很多組畢氏三元數。在美國哥倫比亞大學的普林頓收藏館裡就保存了一塊記滿畢氏三元數的泥板。他們所獲知的一組最大的畢氏三元數是「12709、13500、18541」。按當時的條件，是非常不容易的。

可見，在古希臘的畢達哥拉斯之前，已經有不少人知道畢氏定理了。那麼，為什麼數學界並沒有將這個定理命名為「古埃及定理」或者「美索不達米亞定理」呢？

這是因為無論是古埃及還是美索不達米亞的發現，都是從個別現象中總結出來的一條規律，這個規律沒有得到嚴格的證明，因此只能算是一個現象，不能被稱為定理。

為什麼數學與眾不同？

講到這裡，我們就要來談談，建立在邏輯基礎之上的數學，和建立在實驗基礎上的自然科學之間的區別。例如：物理學、化學和生物學，都是建立在實驗基礎上的**自然科學**。

首先，自然科學的結論可以透過測量和實驗獲得，而數學的結論只能透過邏輯推理獲得。

就拿古代人來說，他們確實觀察到了畢氏三元數的現象，知道了「勾三股四弦五」。但是這裡面存在一個大問題：我們說長度是 3 尺或者 4 尺，其實並非數學上準確的長度。用尺量出來的 3，可能是 3.01，也可能是 2.99，更何況尺的刻度本身就未必準確。這樣一來，「勾三股四弦五」可能就只是一個大概的說法了。

note

自然科學是研究自然界各種物質和現象的科學。例如：物質的形態、結構、性質和運動規律等。自然科學包括物理學、化學、生物學、天文學、地質學、醫學、氣象學等。自然科學對我們生活的各方面有著重要的影響。

在實驗科學中，我們在一定的誤差範圍內得到的結論，會被看成是可信的。例如，我們測量出一個角是 89.9 度，我就可以大致認為它是一個直角。但是在數學上，如果說一個角是直角，不能用量角器測量，必須要嚴格證明。為什麼數學要如此嚴苛呢？

我們不妨看以下的例子。

假設每個小格子的面積是 1，那麼左邊的正方形面積是 64。接下來，我們按照圖中所示的斜線將它剪成四個部分，兩個紅色梯形和兩個藍色三角形再重新組合，就得到了一個新的長方形，而它的面積竟然是 65。

其實，問題就出在拼接長方形時，各部分並不是完全合縫的，只不過縫隙較小，大部分人看不出來罷了。

當然，有人可能會說，要是畫準一點、測準一點，

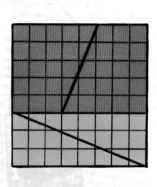

找找看，
有什麼不一樣？
每小格為正方形。

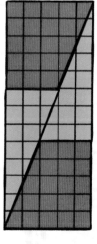

不就能看出來了嗎？如果我們畫這樣一個三角形：勾等於 3.5，股等於 4.5，那麼用尺測量出來的弦大約就是 5.7，這個測量結果和真實值的相對誤差就只有 0.015％（實際弦長大約是 5.700877），你身邊能找到的尺，基本上無法發現這麼小的誤差。這時我

失之毫釐，差之千里。

們是否能說「勾 3.5 股 4.5 弦 5.7」呢？顯然不能，在數學眼中，可容不得半點沙子。

在數學上，觀察的結果只能給我們啟發，卻不能成為我們得到數學結論的依據。數學上的結論只能從定義和公理出發，使用邏輯，透過嚴格證明得到，而不能靠經驗總結得出。數學是嚴謹的，在限定條件下，只要找到一個反例，就可以徹底推翻一條結論。數學就是「歡迎大家來找碴」。

就算我們能拋開誤差的影響，是否可得出 $a^2 + b^2 = c^2$ 這樣的結論呢？在數學上也不能。因為 $3^2 + 4^2 = 5^2$ 是個例，$a^2 + b^2 = c^2$ 是普遍規律，我們不能從個案中得到普遍規律。

但是，在實驗科學中，我們如果做了大量的實驗，得到了同樣的結果，就可以暫時認定那個結果是有效的，這樣的

結果被稱為「定律」，但不是「定理」。例如，物理學中有**萬有引力定律**，這個定律並不是透過邏輯推演出來的，而是根據一些現實案例總結出來的。

用邏輯證明的定理是沒有例外的，它不會有時成立、有時不成立。

但是用實驗驗證的定律確實是有條件成立的。例如，萬有引力定律，我們用已知行星運動的軌跡和週期來驗證，發現它一直都成立。但是，到了愛因斯坦的年代，大家發現當運動速度太快或者質量太大時，萬有引力定律就不成立了。因此，自然科學經常會不斷被推翻，或者改善過去的結論。

note

萬有引力定律：任何兩個質點都存在通過其連心線方向上的相互吸引的力。該引力大小與它們質量的乘積成正比。與它們距離的平方成反比。

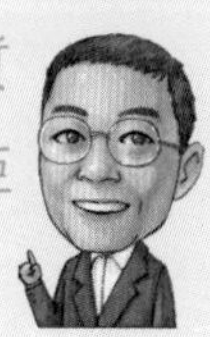

吃掉 100 頭牛的畢達哥拉斯

畢氏定理最初是被畢達哥拉斯用邏輯的方法證明並以定

理的形式表達出來。因此，這個定理才被稱為「畢達哥拉斯定理」。

　　畢達哥拉斯在數學史上的地位非常崇高，他的工作對科學和數學的發展都具有指標性意義。畢達哥拉斯出生於希臘的薩摩斯島的一個富商家庭。他從 9 歲起就在世界各地學習科學和文化知識，年輕時拜當時的著名學者泰勒斯、阿那克西曼德和菲爾庫德斯等人為師。

　　後來在埃及，畢達哥拉斯受到法老阿瑪西斯二世的推薦，進入當時埃及的最高學府——神廟深造。最後，當過了不惑之年的畢達哥拉斯終於回到家鄉時，已經是一位學富五車的學者了。

　　畢達哥拉斯希望將平生所學傳給後人，於是他開始辦學，廣收門徒。大家生活在一起，日夜研究學問。畢達哥拉斯的

我們畢達哥拉斯學派真是太棒了！

學說在地中海北岸廣為傳播，並且形成了畢達哥拉斯學派。

　　這個學派對後世的學者產生了深遠的影響，例如：大學問家阿基米德、亞里斯多德，以及提出地心說的托勒密和提出日心說的哥白尼等人，都可能受到後期畢氏學派的影響。

　　畢達哥拉斯和先前學者們的差別在於，他堅持數學論證必須從「假設前提」出發，然後透過演繹推導出結論，而不是透過度量和實驗得到結論。以畢氏定理為例，他把之前人們對這個規律的一般性認識，變成了嚴格的「數學命題」。所謂數學命題，就是指能夠判斷真偽，不存在對錯含糊的結論。然後，畢達哥拉斯用邏輯嚴密的推理方法證明它，而不是透過列舉很多例子來驗證它。

　　只要數學的前提沒有問題，過程也正確，結論就不可能

出錯。在各種正確的結論中，一些常用的結論就成了數學的定理。這些定理像基石和磚瓦一樣，構建起整個數學的世界。據說，畢達哥拉斯在找到了畢氏定理的證明方法後非常高興，他和他的學生為了慶祝這個偉大的發現，吃掉了 100 頭牛。因此，畢氏定理在西方有時又被戲稱為「百牛定理」。

　　畢達哥拉斯確立了數學規範化的起點，也就是必須遵循嚴格的邏輯證明才能得到結論。人類文明早期出現了許多需要依靠觀察和測量的學科，例如：天文學、地理學和物理學等，而畢達哥拉斯使數學從中脫穎而出，成為為所有基礎學科服務的、帶有方法論性質的特殊學科。

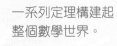

一系列定理構建起整個數學世界。

古代到現代的計數演變

進位制的發明

思考 同一個數量，如何在不同進位制間轉換表達方式？

　　當從 1 數到 10 的時候，你就會發現數從一位變成了兩位，用「1」和「0」兩個數字的組合體代表了比 9 還多 1 個的涵義。繼續數到 11 的時候，在同一個數中出現了兩個「1」，而這兩個「1」所代表的涵義是完全不同的，我們將左邊的 1 所在的位置稱作「十位」，右邊那個位置稱作「個位」。當從 9 數到 10 的時候，個位雖然變回了 0，但十位卻變成了 1。所謂進位制也就是進位計數制，是人為定義進位的計數方法。

　　人類的祖先最早並不需要進位制，因為現實生活中的東西太少，不需要數清太多的數目。著名物理學家伽莫夫在他的《從一到無窮大》一書中講了這樣一個故事：有兩個匈牙利貴族打賭，看誰說的數字大。結果一個匈牙利貴族說了 3，

另一個想了半天，說：「你
贏了。」在東西很少的時
候，人們沒有大數字的概念，
超過 3 個就籠統地稱為「許多」
了，至於 5 和 6 哪個更多，對他

這到底是幾？

們來講沒有什麼意義，因為他們很難擁有那麼多的東西。

原始人類如何計數？

　　但是，隨著人類的發展，身邊的東西越來越多，終於多
到需要數一數的時候。他們通常會在獸骨上刻上一道道刻
痕，每一道代表一個數。人們在今天非洲南部的史瓦濟蘭發
現了距今 4 萬多年的列彭波骨（一說為 3 萬 5 千年前），在
剛果發現了 2 萬多年前的伊尚戈骨，上面都有很多深且整齊

原始人對數字的理解。

的刻痕，人們認為這些是最早的計數工具。

但是這種方法很容易數錯，線太多容易眼花，因此，人們逐漸地發明了一眼就能看懂的計數符號。例如，我們通常

保存在比利時國家自然科學
博物館中的伊尚戈骨。

會在黑板上畫「正」字，統計得票結果，每個「正」字代表「5」；在很多英語系國家常使用的四豎槓加一橫槓的 1-5 計數法，以及拉丁語系國家用的口字形 1-5 計數法，都屬於計數符號。

計數符號和我們今天用的數字不是同一件事。計數符號是數一個數，畫一筆，一一對應，非常直觀，但「1、2、3」這樣的數字是抽象的，二者之間存在一個巨大的變化。由於數字演化是個連續的過程，所以有的數字還保留了計數符號

部分國家和地區使用的
1-5 計數符號

的特點。例如，無論是中國還是古印度的「1、2、3」都是相應數量的幾橫，羅馬數字的「1、2、3」則是相應的幾條豎（I、II、III），美索不達米亞

1　2　3　4　5　6　7　8　9

的楔形數字則完全保留了計數符號的特點。

十進位的出現

數字的出現伴隨著**進位制**的發明，如果沒有進位制，幾乎不可能表示一個大的數字。例如，我們要從 1 表示到 10000，不可能創造出 10000 個不同的數字，表達 10000 那麼多的時候，我們只需要 1 個 1 和 4 個 0 就夠了。至於數字和進位制是什麼時候產生的，這依然是個謎。大約 5000 年前，巴比倫與埃及已經擁有基本的數字與進位系統。而大約在 4000 年前，巴比倫已經有六十進位系統，埃及人則在稍晚也發展出成熟的十進位系統。

十進位制（以下統一簡稱「進位」）的出現則是順理成

> **note**
>
> 進位制是人類規定的計數規則，除了常見的十進位制，還有六進位制、七進位制、十一進位制等。你能否設計出一種新的進位制規則？

章的，因為人類長著 10 根手指頭，用十進位最方便。如果我們長了 8 根手指頭或者 12 根手指頭，那麼今天用的就是八進位或者十二進位了。有人可能會覺得十二進位很彆扭，因為 12 的整數次方，例如：12（12 的一次方）、144（12 的平方）、1728（12 的立方）等數字，都不如以十進位表示的 10、100、1000 看起來舒服。

其實，如果人類真有 12 根手指頭，那看到 12、144、1728……等數就會比看 10 的整數次方更「親切」。注意，這裡的 12、144、1728 採用的是十進位的寫法。

在十進位中，我們用從 0 到 9 的十個數字來表達所有的數；如果用十二進位來表達，我們還需要設計 2 個符號來分別代表 10 和 11，假設它們分別寫作 a 和 b，那麼我們的數

note

如何將一個十進位的數轉化為二進位？

例如，我們將 25 轉化成二進位的表示形式。

25÷2 ＝ 12 餘數 1；
12÷2 ＝ 6 餘數 0；
6÷2 ＝ 3 餘數 0；
3÷2 ＝ 1 餘數 1；
1÷2 ＝ 0 餘數 1；

所以，二進位中的 25 就是 11001。

數過程就會變成 0123456789ab，再往下數，才是十二進位制中的 10，而這裡的 1 就代表著比 b 多 1 個，而不是比 9 多 1 個了，十二進位中的「10」代表的是十進位中的「12」，因為從左數第一位的涵義已經發生了變化。

二十進位和六十進位的出現

除了十進位，人類歷史上其實出現過很多種進位制，但是因為計算與使用上不方便，日後不是消失了，就是今天即使存在，也很少使用。例如，馬雅文明就使用二十進位，顯然他們是把手指和腳趾一起使用，馬雅文明實際上又把 20 分為 4 組，每組 5 個數字，正好與手指、腳趾分別對應。

但是二十進位在計算上實在不方便，想一想，背九九乘法表要從 1×1 一直背到 19×19（共 361 個）是多麼痛苦的事情！所以，採用這種進位制，數學是難以發展起來的。二十進位在有些文明中都曾和十進位混用過，但最後都被邊緣化了。

比二十進位更複雜的是六十進位，它源於美索不達米亞。從 1 到 9 的重複性可看出。美索不達米亞的六十進位實

際上是十進位和六十進位的混合物。

既然二十進位已經很複雜了，那為什麼要搞出更複雜的六十進位呢？這有兩個重要的原因。

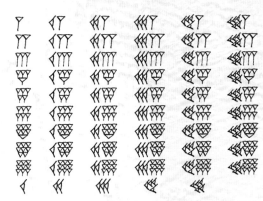

美索不達米亞的數字 1-59
（從左列到右列）。

首先，是為了計算日期和時間。當農業初具雛形後，人類就要找到每年最合適的播種時間和收穫時間。如果今年在春分前後播種，當年稻穀長勢良好，明年大家還會選擇在同樣的時間播種，那麼就需要知道一年有多少天。由於一年是 365 天多一點，約等於 360 天，且地球為圓球形，因此把一個圓分為 360 度是合理的。而如果在春分和秋分（這兩天全球晝夜平分，太陽軌跡正好是個半圓）時，從地球上觀測太陽，自日出到日落，太陽劃過天頂的軌跡長度正好約在地球上看到太陽直徑的 360 倍，0.5 度約對應 1 個太陽直徑。因此，就可以接著把角度的 1 度定出來，便於進行天文觀察。

當然，直接用 360 作為進位制單位太大了，更好的辦法是用一個月的時間 30 天或者 30 天的兩倍 60 天作為進位制

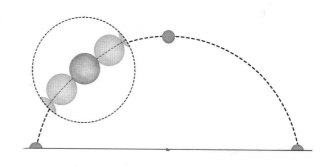

的單位。你有沒有想過，為什麼當時的人們選了 60 而不是 30 呢？這就涉及 60 這個數的特殊性質了──60 是 100 以內因數最多的整數，它可以被 1、2、3、4、5、6、10、12、15、20、30 和 60 整除，因此把 60 個東西分給大家較容易平分。這是使用六十進位的第二個原因。由於美索不達米亞採用了六十進位，後來它又被古希臘沿用，於是我們今天學幾何時計量角度，或者學習物理時度量時間，都通常會採用它。在幾何學上，1 度角等於 60 分，1 分角等於 60 秒；在時間上，1 小時等於 60 分鐘，1 分鐘等於 60 秒。可見那些我們習以為常的事物背後，往往都有一個耐人尋味的原因。

十六進位與半斤八兩

　　無論是東方還是西方，在衡量重量時都使用過十六進位。例如，中國過去的 1 斤是 16 兩，英制 1 磅是 16 盎司。這是採用**天秤**二分秤重的結果，這個習慣甚至影響到了美國

在古代，由於技術有限，很難實現精確秤重，比較實用的方法是使用天秤。只要製造出一個標準的重一兩的秤砣，就可以用天秤秤同樣重一兩的東西，接著將兩者都移到一側，就能秤二兩的東西。依此類推，便可以繼續秤四兩、八兩、十六兩的東西。

紐約證券交易所股票的報價，直到西元 2000 年前後，他們依然採用 1 美元的 $\frac{1}{2}$、$\frac{1}{4}$、$\frac{1}{8}$ 和 $\frac{1}{16}$ 來報價，但這樣非常不方便，因此後來才採用了那斯達克以 0.01 美元為最小單位的報價方法。所以，當別人用「半斤八兩」形容你的時候，可不要太開心，因為八兩只有半斤。

二進位竟源自《易經》

來自東方的神祕力量。

人們今天使用的進位制，多出於生活需要，自然產生和不斷優化的產物。但是還有一種在今天被廣泛使用的進位制——二進位是人為發明出來的，發明它的就是大名鼎鼎的數學家萊布尼茲。

萊布尼茲是一位東方文化的
熱愛者，他透過法國耶穌會西元
1685 年派往中國的傳教士白晉
接觸了中國的《易經》，見到了
八卦圖。萊布尼茲看到中國人透
過陽爻（一）和陰爻（--）的組合

萊布尼茲的二進位計
算手稿。

可以表示 64 種不同符號，從而受到啟發，他將陰爻變成 0，
陽爻變成 1，這樣就用 000000-111111 表示出了中國八卦盤
上的 64 個卦象。萊布尼茲進一步將十進位數字透過 0 和 1
的組合表示出來，這就是二進位。接著，萊布尼茲進一步使
用二進位進行加、減、乘、除。《易經》是已知最早表現二
進位概念的文獻，萊布尼茲只用 0 和 1 來計數，並且提出了
在此計數系統下的完整算術體系。

今天，二進位被用於電腦當中，這是因為它比十進位更
容易透過機械或者電路來實現，0 和 1 其實也代表著是和否。
在利用二進位實現計算的研究中，英國的一位中學數學老師
喬治‧布爾用一系列邏輯符號表示出了二進位的邏輯演算，
而美國著名科學家夏農則證明了布林代數可以透過繼電器電
路實現，他們對電腦應用有著重要貢獻。

音樂與藝術上的美感比例

黃金分割

思考　自然界送給人類的數只有黃金分割一種嗎？

　　數學、音樂和藝術都有相通的地方，然而這一點卻常常被人們所忽略，甚至有人覺得，擅長數學的人往往缺乏審美能力或者缺乏藝術細胞。其實，很多東西我們看起來覺得美，很多音樂我們聽起來覺得好聽，主要是因為它們符合一些特殊的比例。比例既是一個數學的概念，也是搭建在數學和美學之間的橋樑。在所有的比例中，最讓人賞心悅目的要數「黃金分割」比例了。

　　我們先來看一張圖，感受一下黃金分割。

　　在建築史上和藝術史上，雅典衛城的帕德嫩神廟具有很高的地位，其中很重要的原因是它的外觀非常漂亮，而外觀漂亮的原因是它主要尺寸的比例。例如，它正面的寬與高，

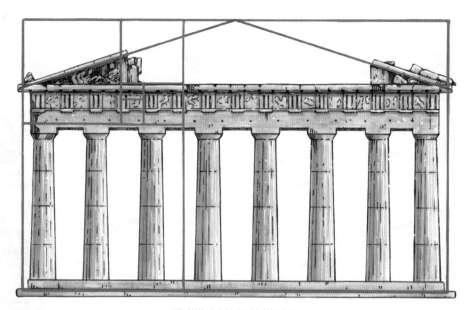

雅典衛城的帕德嫩神廟

立柱的高度和房簷的寬度，比例都是1：
0.618，也就是我們所說的黃金分割。

　　不僅帕德嫩神廟，很多建築和藝術作品
中的關鍵比例都符合黃金分割，著名的雕塑
《米洛的維納斯》（俗稱「斷臂維納斯」）
身高和腿長的比例、腿和上身的比例也都符
合黃金分割。達文西的名畫《蒙娜麗莎》上
半身和頭部的比例、臉的長度和寬度比例等
也符合這個比值。

斷臂維納斯

《蒙娜麗莎》

為什麼黃金分割的比例看起來非常順眼呢？它的美感來自幾何圖形的相似性。下面就讓我們來看看黃金分割 1：0.618 這個比例是怎麼來的。

黃金分割從哪裡來？

假設，我們有一個長寬比符合黃金分割的長方形，它的長度是 X，寬度是 Y。如果我們用剪刀從中剪掉一個邊長為 Y 的正方形（圖中紅色正方形），剩下來的長方形（上邊紅黃組成的長方形），長寬比依然會符合黃金分割。當然，我們還可以繼續剪掉一個正方形（圖中黃色正方形），剩下的紅色小長方形長寬比還是會符合黃金分割比例。也就是說，如果我們這樣不斷地剪下去，剩餘的長方形

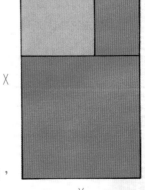

符合黃金分割的長方形，在截去一個內切的正方形後，剩餘部分依然符合黃金分割。

長寬比永遠符合黃金分割比例。

　　根據黃金分割的這種性質，我們很容易找到 X 和 Y 之間的關係：

$$\frac{X}{Y} = \frac{Y}{X-Y}$$

透過解這個方程式，我們就能得到：

$$\frac{X}{Y} = \frac{\sqrt{5}+1}{2} = \approx 1.618$$

黃金分割比例是無理
數，也就是一個無限不循
環的小數，我們通常會取
小數點後三位，把它說成
是 1.618。當然，如果我
們說寬度和長度的比例，
那麼就是 0.618。你也許
會在不同的場合看到黃金
分割一下是 1.618，一下是
0.618，它們其實是同一回
事，因為 1：1.618 的比值
就是 0.618。

不懂數學的音樂家不是好音樂家？

　　最先發現黃金分割的人是誰呢？很有可能是古埃及人，他們早在約 4500 年前就知道了這個比例的存在。因為，大金字塔側面等腰三角形底邊上的高和金字塔高度之比正好是黃金分割的比例 1.618。事實上，大金字塔和周圍的兩個金字塔在形狀和布局上，有很多尺寸都符合黃金分割。不過，古埃及人很可能是根據經驗知道了這個神奇的比例，並沒有證據顯示他們找到了黃金分割比例的公式。

　　人們一般認為，計算出黃金分割比例公式的是畢達哥拉斯。相傳，某天畢達哥拉斯聽到一個鐵匠打鐵的聲音十分和諧而動聽，並以此為依據研究出了黃金分割。不過這種說法

獅身人面像是埃及的象徵。

1.618

缺乏依據。大家更加認可
的說法是，畢達哥拉斯學
派的人在做正五邊形和五
角星的圖形時，發現了黃
金分割比例。畢達哥拉斯
學派非常崇拜五角星，對
五角星、正五邊形和正十
邊形有很多研究。在正五
角星中，每一個等腰三角

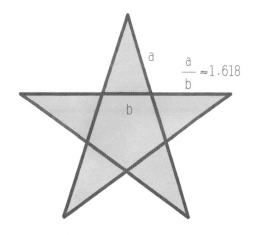

正五角星中，每個等腰三角形的腰
和底邊的比例，都符合黃金分割比
例。

形的腰和底邊的比例都是黃金分割比例 1.618。

畢達哥拉斯是否從打鐵聲中獲得了數學上的啟發，我們
無法證實，但是畢達哥拉斯學派利用數學指導音樂是真實的
事情。

在畢達哥拉斯之前，人們對音樂是否動聽悅耳並沒有客
觀的標準，完全靠主觀感受。這樣一來，運氣好一點，演奏
出的音樂就好聽；音稍微偏了一點，聽起來就不和諧，但是
大家也不知道如何改進。畢達哥拉斯是利用數學找出音樂規
律的第一人。他認為，要產生讓人愉快的音樂，就不能隨機
選擇音階，而需要根據數學上的比例設計音節。於是畢達哥

拉斯設計了後來使用的七音音階，它也被稱為畢氏**音程**，也就是我們今天常見的 1、2、3、4、5、6、7、i。在畢氏音程

note

音程指兩個音級在音高上的相互關係，具體來說，就是兩個音在音高上的距離，其單位名稱是「度」。

中，從 1 到 i 的頻率增加一倍，也就是今天所說的「倍增音程」，而中間相鄰兩個音之間的頻率比例都是固定的。有了固定的比例，音樂的創作和樂器的製造就有了標準。

無處不在的黃金分割

黃金分割不僅反映了一些幾何上的相似性，以及音樂和藝術上的美感，也反映了自然界的物理學特徵。如果

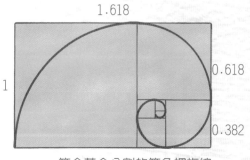

符合黃金分割的等角螺旋線

我們不斷切割右圖中的長方形，然後將每個被切掉的正方形的邊用圓弧替代，就得到了一個螺旋線。由於這個螺旋線每

轉動同樣的角度，得到的圓弧都是等比例的，因此它也被稱為等角螺旋線。

小小的蝸牛殼形狀符合黃金分割

　　對比這個螺旋線和蝸牛殼，你是否覺得很相似？

　　不僅蝸牛殼如此，颱風的外觀乃至銀河系的形狀都是如此。這不是巧合，任何東西如果從中心出發，等比例放大，都必然得到這樣的形狀。

　　或許正是因為黃金分割反映了自然的本質，我們對它才特別有親切感，感覺它特別美。

颱風的雲圖符合黃金分割

巨大的星系也符合黃金分割

古代如何計算並分配土地？

長方形的面積問題

LESSON 05

思考　如果將長方形進行隨意分割，是否能拼出各種多邊形？

　　相信大家都會計算簡單圖形的面積，這也是所有人經常用到的幾何知識。實際上，在人類文明的發展過程中，計算面積也是人類最早研究和發現的幾何學知識。這是為什麼呢？因為這些知識對於早期的農業生產和城市建設至關重要。

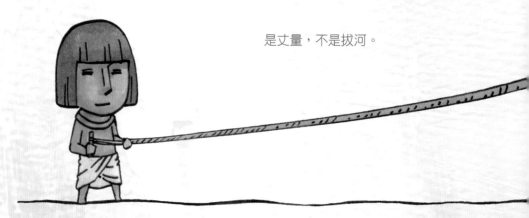

是丈量，不是拔河。

面積計算起源於
土地丈量

note

尼羅河是世界上最長的河流，全長近 6670 公里。它有兩條主要的支流，白尼羅河和藍尼羅河。尼羅河三角洲土地肥沃，正是古埃及文明的發源地。

　　尼羅河下游地區是人類早期的文明搖籃之一。大約從西元前 6000 年開始，尼羅河下游就有了定居的農民。尼羅河每年都會爆發洪水，當洪水退去之後，農民就在洪水淹過的土地上耕種。洪水雖然使農田更肥沃，但也淹沒了原來的農田邊界。因此，當地農民每年要重新丈量農田到新的河岸有多遠，每家的農田面積有多少。

　　由於這種需要，古埃及人逐漸積累起了測量知識和計算面積的方法。在人類各個早期文明中，最初的幾何學都是這麼發展起來的。「幾何學」在西方幾種語言中都有丈量土地的意思。例如，它在英語

中是「geometry」，是由土地的**詞根**「geo」和測量的詞根「metry」構成的，而這個詞則來自更早

的拉丁語詞語「geometria」和希臘語詞語「γεωμετρία」，它們都有「土地丈量」的意思。

在古代，官員分配土地和徵稅時依據的往往是土地的面積，農民買賣土地時也需要知道土地的面積。因此，丈量土地並計算面積尤為重要。此外，建造城市也需要計算面積，以便整體規劃，準備足夠多的建築材料。

今天存世的最古老的幾何書是古埃及的《萊因德紙草書》，它成書於西元前 1650 年前後。不過，該書的作者聲稱，書中的內容抄自古埃及另一本更早的書，那本書寫於西元前 1860 年至西元前 1814 年之間。這樣算下來，世界上最早的幾何學文獻應該在 3800 年之前。這本書記載了各種基本幾何圖形面積的計算方法。其他一些從古埃及出土的手卷中，也發現了關於各種幾何圖形面積計算的公式。例如，當時的人知道長方形的面積是「長乘以寬」，三角形的面積是「底

乘以高再除以 2」。在微積分出現之前，人類計算面積的所
有知識，幾乎都來自這兩個公式。在人類的另一個早期文明
中心——美索不達米亞，古巴比倫人也已經掌握了計算面積
和體積的基本知識。

在所有的面積計算
中，我們最早學習的長
方形面積計算是基礎。
正方形的面積公式「邊
長 × 邊長」是長方形面
積計算公式的特例，而

平行四邊形的面積計算公式「底 × 高」是長方形面積計算
公式的延伸。

長方形的變身

我們不妨對比一下底為 b、高為 h 的平行四邊形，與長
度為 b、寬度 a = h 的長方形。大家不難發現，如果我們把
平行四邊形左邊的直角三角形切掉，補到平行四邊形的右
邊，它就變成了長方形，兩者的面積相同。因此平行四邊形

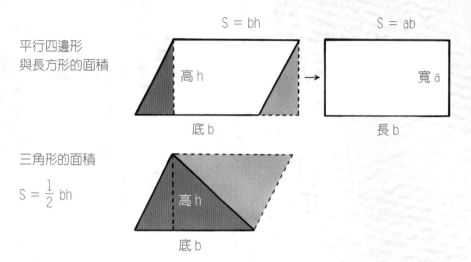

平行四邊形
與長方形的面積

$S = bh$

高 h

底 b

$S = ab$

寬 a

長 b

三角形的面積

$S = \dfrac{1}{2} bh$

高 h

底 b

的面積就是「底乘以高」。

　　有了平行四邊形的面積計算公式，三角形的面積計算公式也很容易推導出來。我們不妨看上面這個底為 b、高為 h 的三角形。首先，複製一個和它相同的三角形，然後上下翻轉，再和原來的三角形拼起來。由於這兩個三角形完全一樣，因此拼出來的形狀就是平行四邊形。

　　這樣，兩個完全相同的三角形的面積正好等於拼出來的平行四邊形的面積，即底乘以高，原來的一個三角形的面積就是「底乘以高再除以 2」。同理，當我們將梯形這樣複製翻轉再拼接，也可以得到一個平行四邊形，所以梯形的面積是「上底

梯形的面積

$S = \dfrac{1}{2} (a + b)h$

上底 a　　　　b

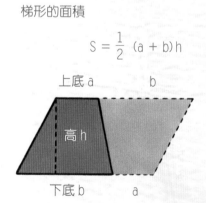

高 h

下底 b　　　a

加下底乘以高再除以 2」。這些都是我們在小學需要掌握的幾何學常識。在學校裡，大家也不會質疑這些計算公式的正確性，因為它們都是從長方形的面積公式推導出來的。

邊長為有理數的長方形面積

但是，我們又如何證明長方形的面積是長乘以寬呢？如果長方形的面積不是長乘以寬，那麼人類關於面積的所有知識都將是錯的。為了嚴格證明長方形的面積等於長乘以寬，人類花了上千年。

我們先要問一下自己：面積的定義是什麼？在幾何學上，面積是「1」的定義就是邊長為「1」的正方形面積。這個邊長可以是任何單位（例如：公分、公寸、公里等都可以）。例如，長方形的長度是 4，寬度是 3。我們拿一個面積是 1 的正方形沿著長方形的邊擺 3 行，每行擺 4 個，如此一共可以擺 4×3 ＝ 12 個，正好是「長方形的長度乘以寬度」。可

note

還記得有理數是什麼嗎？能寫成分數形式的數都是有理數，而像 $\sqrt{2}$ 這樣的數就屬於無理數，你無法把它寫成分數形式。

見如果長方形的長度 a 和寬度 b 都是正整數時，它的面積就是 a×b。這其實就是長方形面積的定義，即我們需要用多少個面積是 1 的正方形才能將它填滿。

當然，現實中的長方形邊長不可能都是整數。現在，我們就來看看長方形的邊長都是有理數的情況。我們假設長度 $a = \dfrac{p}{q}$，寬度 $b = \dfrac{r}{s}$。

為了簡單起見，假設它們都是已經化簡過的分數。我們試著用邊長為 $\dfrac{1}{qs}$ 的小正方形把這個長方形填滿。

長度方向，需要 ps 個小正方形；同理，寬度方向，需要 qr 個小正方形，它們都是整數。所以，擺滿這個長方形，需要 qr 行小正方形，每行 ps 個小正方形。於是，這個長方形的面積就是 ps×qr 個小正方形的面積。

這些小正方形的面積是多少？有人會說，它們的邊長是 $\dfrac{1}{qs}$，面積自然就是 $\dfrac{1}{qs} \times \dfrac{1}{qs}$ 了。這個結論沒有錯，但這個邏輯有問題。我們正在證明的事情就是「邊長為有理數的長方形的面積是長乘以寬」，所以不可以在證明過程中，運用這個結論進行推理，否則就犯了邏輯學中循環論證的錯誤。我們必須先想辦法證明小正方形的面積是 $\dfrac{1}{qs} \times \dfrac{1}{qs}$。

我們可以用邊長為 $\dfrac{1}{qs}$ 的小正方形去填滿邊長為 1 的正

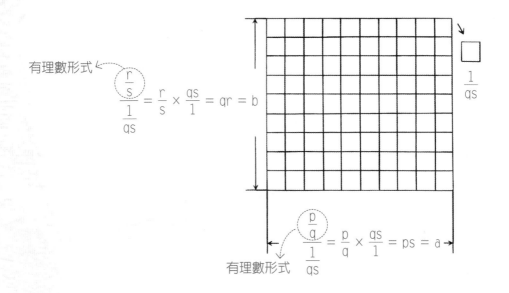

有理數形式

$$\frac{\frac{r}{s}}{\frac{1}{qs}} = \frac{r}{s} \times \frac{qs}{1} = qr = b$$

$\frac{1}{qs}$

有理數形式

$$\frac{\frac{p}{q}}{\frac{1}{qs}} = \frac{p}{q} \times \frac{qs}{1} = ps = a$$

方形，同理，可以擺出 qs 行，每行 qs 個小正方形。這麼多邊長為 $\frac{1}{qs}$ 的小正方形的總面積，正好是邊長為 1 的正方形的面積。因此每一個小正方形的面積就是 $\frac{1}{qs \times qs}$。

現在，我們把上面兩部分合起來，一個長度 $a = \frac{p}{q}$、寬度 $b = \frac{r}{s}$ 的長方形可以分為 ps×qr 個小正方形，每個小正方形的面積是 $\frac{1}{qs \times qs}$，於是這個長方形的面積就是 ps×rq× $\frac{1}{qs \times qs}$ = $\frac{p}{q}$ × $\frac{r}{s}$ = a×b，也就是「長乘以寬」。

邊長為無理數的長方形面積

我們已經證明了所有邊長為有理數的長方形，面積都可以使用「長 × 寬」這個公式計算，但如果長方形的邊長是無理數呢？例如，長是 $\sqrt{3}$、寬是 $\sqrt{2}$ 的情況，這時就無法把長方形切成整數個小正方形了。長方形面積是「長 × 寬」這個公式還成立，但是我們需要用新的方法證明它——無限逼近法。

$\sqrt{3} = 1.73205080756\cdots\cdots$，$\sqrt{2} = 1.4142135623\cdots\cdots$，因此，$\sqrt{3} \times \sqrt{2}$ 的長方形面積會比 1.7×1.4 得到的長方形面積更大，比 1.8×1.5 得到的長方形面積更小。

1.7×1.4 和 1.8×1.5 這兩個長方形的邊長都是有理數，我們可以用長乘以寬計算它們的面積。我們從 1.7×1.4 的長方形出發，一點點擴大；從 1.8×1.5 的長方形出發，一點點縮小。每次都選有理數作為邊長，這樣無限延伸下去，最終，從 1.7×1.4 開始增加、越來越大的長方形，以及從 1.8×1.5 逐漸減少、越來越小的長方形，它們的邊長都會越來越接近 $\sqrt{3}$ 和 $\sqrt{2}$，所以它們面積的差異越來越接近 0。當我們做了無限次以後，原來長方形的面積就會等於 $\sqrt{3} \times \sqrt{2}$。

長期以來，人類一直在使用「長 × 寬」這個長方形面積

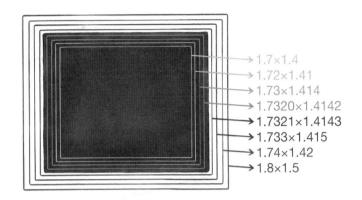

1.7×1.4
1.72×1.41
1.73×1.414
1.7320×1.4142
1.7321×1.4143
1.733×1.415
1.74×1.42
1.8×1.5

公式，但是直到近代，才透過無限逼近的方法嚴格證明了

這裡要注意無理數後面的位數，例如，$\sqrt{3}$ = 1.732，$\sqrt{3}$ 會比 1.7 和 1.73 都更大一些。所以 1.7 會稍小於 $\sqrt{3}$，1.8 會稍大於 $\sqrt{3}$，而 1.4 會稍小於 $\sqrt{2}$，1.5 會稍大於 $\sqrt{2}$。

它的正確性。這種無限逼近的方法在數學中，特別是高等數學中被廣泛使用。

在確立了長方形的面積計算方法之後，任何多邊形的面積都可以計算出來了，因為它們都可以被劃分成多個三角形，而計算三角形面積的方法人們早已掌握。但是，帶有弧線的形狀，例如，圓的面積，依然無法計算。看來我們又需要拿出無限逼近法了。

理解金融知識
一定要學的小工具

二項式展開和巴斯卡三角形

思考　乘法為什麼能那樣計算？

在學習數學的過程中，理解二位數乘法的方法是一個門檻，因為這個方法並不直觀。在此之前，任何位數的加減法都很直觀，只要每一位相加減即可，最多考慮一下進位和借位。一位數的乘法也比較直觀，大家只要把乘法口訣背下來就好了。但是在計算兩位數的乘法時，就需要進行交叉相乘再相加了。例如，34×26，就需要用右頁這個直式打草稿計算了。

神奇的拆解

在這個算式中，前兩行是被乘數和乘數，接下來兩行是中間結果。中間結果的第一行，是用乘數中的個位數 6 分別

和被乘數中的個位數 4、十位數 3 相乘後再相加。如果我們把這個細節展開一下，就是 4×6 ＋ 30×6 ＝ 24 ＋ 180 ＝ 204。中間結果的第二行，是用乘數中的十位數 2 分別和被乘數中的個位數 4、十位數 3 相乘，再相加，這個過程展開後就是 4×20 ＋ 30×20 ＝ 80 ＋ 600 ＝ 680。再跟剛剛算出來的結果相加，得到最後的結果 884。

$$
\begin{array}{r}
34 \\
\times\ 26 \\
\hline
204 \\
+\ 68\ \ \\
\hline
884
\end{array}
$$

　　事實上，兩位數的乘法能夠這麼做，是因為我們可以利用加法和乘法的「分配律」，把二位數的乘法拆解為一位數的乘法和加法，即 (a ＋ b)(c ＋ d) 變為 ac ＋ ad ＋ bc ＋ bd。

找規律

　　人類對於 (a ＋ b)(c ＋ d) ＝ ac ＋ ad ＋ bc ＋ bd 的認識，是數學發展史上的一個里程碑。由於參加乘法的兩個多項式 a ＋ b 和 c ＋ d 都只有兩項，因此這樣的乘法也被稱為「二項式乘法」。當人們找到了二項式相乘的一般規律後，就會自然而然地考慮多個二項式相乘的結果，例如 (a ＋ b)(c ＋ d) (e ＋ f)(g ＋ h)。在數學發展史上，有一類二項式相乘特別重要，就是自己乘以自己，例如：(a ＋ b)(a ＋ b) 和 (a ＋ b)(a ＋ b) 等，這些二項式展開後，可以對同類項進行合併，例如：

$$(a + b) \times (a + b) = a^2 + ab + ab + b^2 = a^2 + 2ab + b^2,$$
$$(a + b)^3 = a^3 + a^2b + a^2b + a^2b + ab^2 + ab^2 + ab^2 + b^3$$
$$= a^3 + 3a^2b + 3ab^2 + b^3$$
$$\cdots$$

依此類推，如果我們有 n 個 (a ＋ b) 相乘整理其結果，其係數分布就是「巴斯卡三角形」。如右頁圖所示，第一列是 $(a + b)^0 = 1$，因此它就是 1，接下來的每一列就是 (a ＋ b) 各次方相對應的係數。這時你就很容易看出每一列會多出一項，每一個位置的係數，就是上一列左右相鄰兩個係數相加的結果。

最早描述這個二項式相乘規律的人，是西元 10-11 世紀的波斯數學家卡拉吉，後由西元 11-12 世紀的阿拉伯學者海亞姆推廣。因此，在西方，上述規律也被稱為「海亞姆三角形」。中國北宋的數學家賈憲在西元 11 世紀時也獨立地發現了上述三角形的關係，並且將他的發現記錄在《釋鎖算書》

二項式展開係數三角

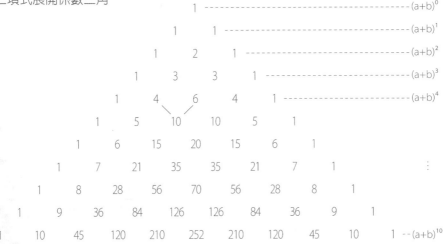

一書中，這本書雖然已亡佚，但有關巴斯卡三角的內容後來被收入《永樂大典》，今天還能找到。因此，這個三角形在中國數學界也被稱為「賈憲三角形」。不過，這個三角形真正出名是因為另外兩位數學家。一位是中國南宋著名數學家楊輝，他在《詳解九章算法》一書中引述了賈憲的發現，因此，它也叫「楊輝三角形」。另一位是法國著名數學家巴斯卡，他用這個三角形所揭示的二項式相乘的規律解決了很多機率問題，因此，這個三角形在西方更為人所知的名字是巴斯卡三角形。無論這個三角形叫什麼名字，它的發現在數學史上都很重要，因為它在應用數學領域有非常廣泛的用途。我們不妨看三個比較簡單的應用。

生活裡的巴斯卡三角形

第一個應用是理解複利問題，這與大家的錢包息息相關。

我們假定你存入的本金是 1，年利率是 x。一年下來連本帶利就是 $1 \times (1 + x) = 1 + x$，第二年你把收穫的 $(1 + x)$ 當作本金繼續存入，因為年利率依然是 x，所以第二年連本帶利就是 $(1 + x) \times (1 + x) = (1 + x)^2$，以此類推，n 年就是 $(1 + x)^n$。我們看看利率的情況。

情況一，利率很低。例如，只有 3％。如果以**單利**計算，2 年後多了 6％，10 年下來就多了 30％。但若以複利計算，1 年下來的利息是 3％，

單利的計算方法中，一筆資金無論存期多長，只有本金計取利息，而複利是指在計算利息時，某一計息周期的利息是由本金加上先前週期所累積的利息總額來計算的計息方式。

10 年下來一共是 34.4％，攤到每個年頭上其實只有 3.44％，比 1 年高不了多少。

二項式相乘 $(1 + x)^n$ 展開之後按 x 的升冪排列，第一項 1 是本金，在利息上取決定作用的是第二項 nx。也就是說，

複利看上去很誘人，其實當利率不夠高，或者年限不夠長時，和單利帶來的收益差不多。今天，絕大部分國家 10 年的利率都不會超過 3%，因此複利因素幾乎不用考慮。

情況二，利率非常高的時候。例如，x ＝ 20%。我們還是以 10 年利率來說明。$(1 + x)^{10} = 1 + 10x + 45x^2 + 120x^3$ ＋……第二項是 $10x = 2$，代表單利利息，第三項 $45x^2$，這時已經是 1.8 了，和第二項已經差不多了，第四項也有 0.96，你可以用巴斯卡三角形接著往下算，一直到第六項，數值都不小，不能忽略。事實上，當利率是 20% 的時候，10 年利滾利下來的總利息超過了 500%，這就非常可觀了，這也是那些借了**高利貸**的人還不起的主要原因。

高利貸是一個金融名詞，指那些索取高額利息的貸款。高利貸往往是違法的，請大家一定要遠離。

複利的效果什麼時候才會體現得很明顯呢？一個簡單的判斷方法就是看 n 和 x 的乘積：如果 nx ＜ 1，原則上不用太擔心，因為複利和單利差不了太多，但是 nx ＞ 1 的時候，就需要小心了。

你能找到
哪裡卡住了嗎？

第二個應用是理解累積誤差，這與大家買賣的產品息息相關。

一個合格產品的誤差通常不會很大，可能只是零件尺寸的千分之一，或者更小。但是如果一個產品中零件數量多了，就可能造成很大的累積誤差，產品的誤差如果以單利的方法計算，無論存期多長，只有本金需要計取利

息，而如果以複利考慮，由於加上本金與先前週期積累利息總額計息，就很容易因誤差造成產品的損壞。

最壞的情況是產品的累積誤差等於每一個零件相對誤差乘以產品中零件的數量。雖然千分之一是個很小的數，但是如果有 100 個零件，累積的誤差也會很大。這也是為什麼越複雜的產品和設備，每一個部分的設計和加工要求就越高，因為它們的零件太多，累積誤差會很大，就容易因為這些誤差造成損壞。

當然，如果我們運氣好，有些誤差可能會相互抵消，但是我們做產品時，通常要考慮最壞的情況。

不僅製造產品會有累積誤差，做一些要不斷反覆運算（可理解為更新換代）的計算也是如此。如果每一次計算差了千分之一，反覆運算了 100 次，最壞的情況就會差了 10%。這也是很多理論模型不準確的原因，因為它們實際上都是現實世界的近似，而使用時間長了，積累的誤差就會非常大。例如，鐘錶就是如此。微小的誤差會被不斷放大，因此其工藝要求非常高。

第三個應用是解決很多機率問題，而這會與大家的選擇有關。

在機率論中，有一個經典的二項分布問題。例如，你扔了 10 次硬幣，6 次正面朝上的機率是多少？這個次數剛好是 $(a + b)^{10}$ 展開後 a^6b^4 那一項的係數。這並不是巧合。我們把 a 看成是硬幣的正面，b 看成是背面，$(a + b)^{10}$ 看成扔 10 次硬幣，結果中每一個 a^6b^4 就是 6 次正面 4 次背面的選法。透過巴斯卡三角形的比對，你會發現這一項的係數是 210。因此，6 次正面朝上的機率是 $\dfrac{210}{2^{10}} \approx 0.2$。

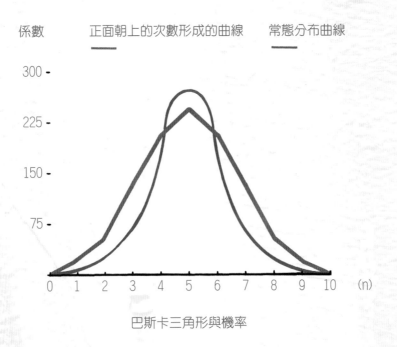

巴斯卡三角形與機率

我們把 $(a+b)^{10}$ 各項的係數用一張圖畫出來，如上圖所示。如果我們對比一下這個曲線的形狀和**常態分布**的形狀，你會發現它們高度吻合。事實上，當 n 非常大的時候，$(a+b)^n$ 的曲線就是常態分布的曲線。

note

所謂常態分布，顧名思義，它是自然界中一種常見的分布，也就是中間多、兩頭少的分布。例如，班上同學的考試成績，一個社會中富裕、中產和貧困階級的人數，如果符合中間多、兩頭少的情況，就比較正常，反之則不常見。

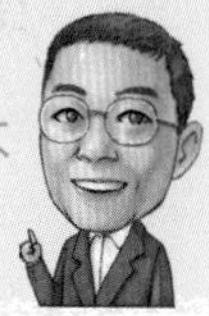

巴斯卡三角形看似只是一個數學遊戲，可能海亞姆、賈憲和楊輝等人在研究這個數學規律時並不知道它有什麼用途，後人才發現它對解決很多實際問題、理解很多自然科學的規律大有幫助。這其實就是數學的特點之一：很多數學規律，一開始看似毫無用途，但是慢慢地，大家便會發現它們非常有用。

虛構的「不存在」
卻能影響現實

虛數的發明

思考　你還能想出哪些不該存在的概念？

從一元三次方程式的解開始

　　一元三次方程式通解公式的發現帶來的一個直接的結果，就是人們無法迴避負數開平方根的問題。

　　在現實世界裡，我們無法找到一個數字，自己和自己相乘等於 -1。因此，像 $x^2 + 1 = 0$ 這樣的方程式，過去被認為是無解的。因此，在西元 16 世紀之前，人們迴避負數開平方根的問題。畢竟，現實生活中也不會遇到什麼情況非要討論這個問題不可。

　　但是當卡爾達諾發現了一元三次方程式的解法之後，這個問題就迴避不了，因為在他的那個計算方程式解的公式中要使

用到平方根的運算，而且開根號的那個數字很可能就是負數，但這又不影響方程式的解裡有一個是現實世界裡真實的數字。

我們不妨來看一個並不複雜的一元三次方程式：$x^3-15x-4=0$，顯然 4 是它的一個解。如果我們用卡爾達諾給出的公式計算，就會得出它的一個解是：

$$\sqrt[3]{2+\sqrt{-121}}+\sqrt[3]{2-\sqrt{-121}}$$

在這個解的算式中，如果不接受負數的平方根，我們就無法繼續算下去。實際上，負數開根號的結果最後可以相互抵消。為了解決這個問題，卡爾達諾在《大術》一書中引入了 $\sqrt{-1}$ 的概念。後來瑞士數學家歐拉使用了「i」來代表 $\sqrt{-1}$。「i」是拉丁語中「imagini」（影像）一詞的首字母，它代表非真實、幻象的意思，表示設計出來的數不是真的，而是虛構的，因此中文翻譯成**虛數**。

有了虛數「i」這個概念，我們就可以計算 $\sqrt[3]{2+\sqrt{-121}}+\sqrt[3]{2-\sqrt{-121}}$ 這個算式了，它其實等於 $\sqrt[3]{(2+i)^3}$ +

$\sqrt[3]{(2\text{-}i)^3}$＝2＋i＋2-i＝4。也就是說，虛數「i」被人為製造出來後借用了一下，然後又接著消失了。它的作用有點類似於幾何中的輔助線——輔助線就是我們構造出來的，但是沒有它我們就難以解決問題，有了它問題就會迎刃而解。

　　義大利數學家發明虛數後，長達約 100 年的時間裡，數學界普遍不太願意承認這個自然界並不存在的數。日後，法國的數學家笛卡兒稱其為「虛數」，表示這種數是「想像出來的數」，僅將其當成運算工具。直到西元 18 世紀，法國數學家棣美弗和瑞士數學家歐拉發現了虛數很多有趣的性質，並且利用那些性質解決原來實數的問題，於是數學界研究虛數的人也就越來越多了。

我在創造一種不存在的數。

虛數的用途

　　那麼，除了能解方程式，虛數還有什麼用途呢？

　　在數學上，虛數可以讓極座標這個工具變得更完善。我

們平時在生活中會使用兩種座標：一種是平面直角坐標，也
被稱為「笛卡兒座標」，它是為了紀念發明平面直角坐標的
法國數學家笛卡兒而命名的。例如，高雄市的地圖就基本上
可以被理解為平面直角坐標，它的街道都是棋盤式。會將每

高雄車站周邊地圖

個景點是這個坐標系的中心，我們通常會說某個地點在該景點以東 3000 公尺、以北 2000 公尺。你在高雄問路，人家會告訴你，往前走 500 公尺再往右轉走 100 公尺就到了。這

臺中車站周邊地圖

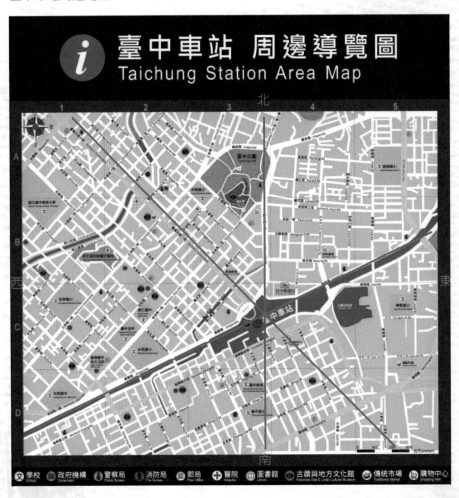

種確定位置的系統就是平面直角坐標系。在平面直角坐標系中，確定一個位置需要兩個資訊：一個是橫向的距離，另一個是縱向的距離。

但是，很多其他城市的街道就不是橫平豎直的了，而是圍繞一些地標性建築向四周擴展，一圈圈建起來的。例如，大家到了台中市，就會發現街道要不是像台中火車站為中心出發往各個方向發散的輻射線，不然就是圍繞台中火車站固定距離的同心圓。我們會說，往 3 點鐘的方向走 600 公尺就到星泉湖了。因此，在台中市這樣的城市裡，確定一個地點也是用兩個資訊：一個是從中心台中火車站看過去的方向（或者說角度），另一個是距離。這種坐標系統被稱為極座標。那個中心，就是座標的極點。

今天，在飛行、航海等場景中，或者使用 GPS 時，極座標要比我們常用的直角坐標更直觀、更方便。而在利用極座標進行各種計算時，虛數就是不可缺少的工具。如果只用實數進行計算會非常不方便。

虛數在物理學中也有廣泛的應用。今天電路學、電磁學、量子力學、相對論、信號處理、流體力學和控制系統等都離不開虛數。沒有虛數，很多物理學的概念就表述不清楚。

虛數的出現是人類對數這個概念認識的飛躍性進展，表示人們對數的理解從形象、具體、真實的物件，提升到了純粹理性的抽象認識。虛數和實數的組合被稱為複數，複數顯然也是現實世界裡並不存在的，但是能幫助我們解決很多現實世界裡的問題。人類最大的特點就是能夠虛構出世界上並不存在的東西。例如：像法律、國家、有限公司、貨幣、股票等，這些都不是自然界原來就有的，而是人類虛構出來的東西。如果沒有這些虛構出來的東西，我們今天的社會發展就不可能達到一個很高的水準。因此，學習數學，就是要練習掌握各種虛構的概念來解決問題，將來才能有所創新。

　　有了虛數和複數，人類對數的認識就基本上完整了。我們可以透過右頁「數的集合」這張圖來理解人類認識數的過程，並對各種數之間的關係做一個總結。

　　人類最早認識的是正整數，後來認識了 0，就形成了自然數的概念。從正整數出發，人類又認識了有理數，它們是整數的比值。從 0 再往小走，人類發現還有比 0 更小的數，那就是負數。在人類文明的很長一段時間裡，人類對數的認識就這麼多。

　　到了畢達哥拉斯的年代，人類透過畢氏定理認識到有理

數的集合

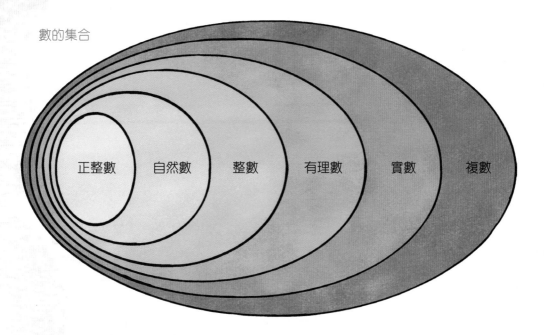

正整數　　自然數　　整數　　有理數　　實數　　複數

數之外還有數，那就是無理數。有理數和無理數合在一起，被統稱為實數。

到西元16世紀，出於解方程式的需要，人類不得不發明虛數的概念。實數和虛數合在一起，被稱為「複數」。

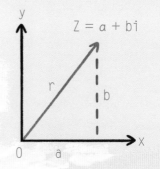

西洋棋盤
能放下多少袋麥粒？
指數增加問題

思考　一張紙最多能對摺幾次？

西洋棋和麥粒問題是一個廣為流傳的數學趣聞，我最早是聽父親講的，當時我很難理解為什麼這個問題最後得出的數字那麼巨大。西洋棋和麥粒問題有很多版本，其中最早的版本是伊斯蘭教沙斐儀學派學者伊本・哈利坎在西元 1256 年記載的。

進擊的麥粒

相傳，古印度有一位國王，這位國王非常喜歡他的宰相西薩發明的國際象棋，即今日的西洋棋，於是決定賞賜西薩。西薩要的賞賜看似很簡單，也很廉價：他提出請國王賞

賜他一些麥粒就好，但麥粒的數目暗藏玄機。

西薩說，國際象棋有 64 個格子，在第一個格子裡放 1 粒，第二、第三、第四個格子分別放 2、4、8 粒，後面的格子以此類推，倍數增加，擺滿 64 個格子就可以了。

國王覺得這是小菜一碟，區區幾個麥粒而已，這點要求很容易滿足，就讓倉庫管理員拿來一袋麥子，按照西薩的要求一個格子一個格子地擺放，結果一袋麥子放了不到 20 個格子就用完了。接下來的麻煩就大了，因為下一個格子要放上整整一袋麥子，然後再接下來的要放兩袋，就這樣倍數增加下去，就算國王的糧倉裡有 1 萬袋麥子，也不夠擺放半個棋盤。

國王只好讓倉庫管理員好好算算，到底需要多少麥子。計算的結果讓國王大吃一驚──想要擺滿棋盤，需要超過 1 萬億噸麥子。西元 2020 年全世界的小麥產量是 7 億多噸，宰相

「我怎麼會坑您呢？陛下。」

所要的麥子的數量，相當於全世界超過百年的產量。這個倒楣的國王無論如何也拿不出來。

故事的後續發展有很多版本，有的版本裡，宰相成了國王的顧問，而有的版本裡，惱怒的國王覺得宰相貪得無厭，把他處決了。不管是哪個版本，國王都無法兌現承諾，因為宰相要的數量太大了。

我們也和倉庫管理員一起算算這個巨大的數，宰相所要的麥粒的數量是 $1 + 2 + 4 + 8 + 16 + \cdots + 2^{63}$。參與計算的每一項比前一項多一倍，也就是後項與前項比值是 2 的數字連加，這被稱為「等比級數」，也被稱為幾何級數。那麼，這些數字加起來是多少呢？我們經過觀察後可以發現：

$$1 + 2 = 3 = 2^2\text{-}1$$
$$1 + 2 + 4 = 7 = 2^3\text{-}1$$
$$1 + 2 + 4 + 8 = 15 = 2^4\text{-}1$$
$$\cdots$$

因此，我們可以找到規律：$1 + 2 + 4 + 8 + 16 + \cdots + 2^{63} = 2^{64}\text{-}1$

這個結論並不難證明，它的推導過程我們這裡就省略了。而 $2^{64} \approx 1.8446744 \times 10^{19}$，大約是 1800 萬兆。若一粒麥子的

重量大約是 0.064 公克（依品種不同而定），這麼多麥子的總重量大約就是 11800 萬億噸，倉庫管理員估算得沒有錯。

為什麼麥粒的數量會增加這麼快，這是因為倍數增加的速度實在是太驚人。如果在增加過程中，每一次增加都有固定的倍數，我們就稱這種增加方式為「指數增加」。通常我們用 r 代表每一次增加的所乘倍數，例如，在上面的印度象棋例子裡，r＝2。

我們的圖中畫了一小段指數增加的趨勢，這裡 r＝2。橫坐標是增加的次數，縱坐標是增加後得到的數值。在圖中，我們把縱坐標進行了壓縮，

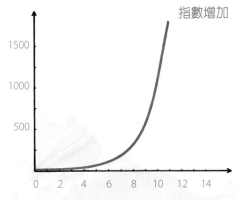

一格代表 250。大家不難看出，這個函數一開始增加的趨勢似乎不是很快，但是過了一個點後，它上升的速度就陡然提高，而且後面幾乎是垂直的了。如果我在這張紙上把橫坐標畫到 64，這張紙的高度將依照書本紙張大小而定，實際計算約 4000 億公里（以寬度 17 公分計算）。請理解，太陽和地球之間的距離只有 1.5 億公里。

河內塔

幾何級數增加的速度通常被人們低估。

古印度還流傳著另外一些類似的故事，也是為了說明幾何級數增加速度太快，其中比較有名的是河內塔的故事。

在印度的某個寺廟裡有三根柱子，我們假設它們為 A、B 和 T。A 柱上堆放著 64 個盤子，小盤子放在大盤子的上面。

接下來要按照下列規則將所有盤子從 A 柱移到 B 柱：

沒想到吧？
挪盤子有這麼複雜。

A　　　　　T　　　　　B
第1步　　　第3步
第2步

note

① 每次只能移動一個盤子。

② 任何時候小盤子都不能放在大盤子的下面。

③ T 柱可以用於臨時擺放盤子，但盤子的次序也不能違反第二條規則。最後的問題是，如何將這 64 個盤子從 A 柱移到 B 柱。

據說，如果寺裡的僧侶把全部 64 個盤子從 A 移到了 B，那麼世界就將毀滅。那麼，我們不妨來看看這個說法是否過於誇張。

　　移動 64 個盤子是很複雜的事情，假如只有兩個盤子，我們可以按照圖中提示的方式，用三步完成移動。

　　如果大家有興趣，可以試試移動三個盤子，需要挪動 7 次。這是怎麼算出來的呢？為了把最底下的第三個盤子從 A 挪到 B，先要把上面兩個盤子從 A 挪到臨時的柱子 T 上，這一步需要挪 2 次，而把第三個盤子從 A 挪到 B 是 1 次，最後，還要把上面的兩個盤子從中間的柱子 T 挪到 B，這也需要挪 3 次，因此一共需要挪動 3 ＋ 1 ＋ 3 ＝ 7 次。

　　如果要挪動 64 個盤子，情況也是類似的，但是過程會繁瑣得多。經過計算，我們將要挪動的次數等於「$2^{63} + 2^{62} + \cdots\cdots + 2 + 1$」。

　　這個數量正好和前面的麥粒數量一樣多。如果那位老僧一秒鐘挪動一個圓盤，那麼他大約需要 5800 億年（5.8×10^{11}）才能完成這個看似並不複雜的操作。我們知道宇宙的年齡約 138 億年，地球的年齡只有約 46 億年，等他按照要求把這 64 個盤子挪完，真要等到天荒地老了。

這些故事反映出，人類在西元 13 世紀或者更早一些時候就開始認識指數了，並且知道指數增加的速度是非常快的。如果我們把等比級數的每一項 1，2，4，8，16……單獨寫出來，它們是一個由數字構成的序列，我們稱之為等比數列，或者幾何數列。

還是複利問題

我們前面講過的複利其實也是類似的道理。當然，在現實世界裡，幾乎沒有什麼形式的儲蓄可以很快讓你的錢翻倍增加，但是只要能夠維持一定的增加率，並

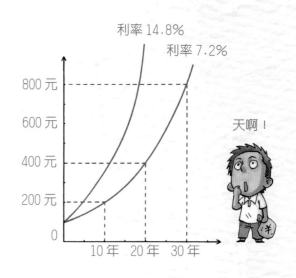

且增加足夠長的時間，就會產生明顯的複利效應。假設你將 100 元投入股市，每年的增加率都是 7.2%，10 年下來你的錢就會翻約一倍，20 年就是原來的 4 倍，30 年就是 8 倍。

如果一個人從剛開始工作就堅持投資股市，退休時可能會有足夠多的資產養老。聽起來雖然很美好，但股市存在著各種未知的變化，很難維持這樣的穩定增加，正所謂「投資有風險，入市需謹慎」。

如果每年的投資回報率提高到 14.8%，那麼翻倍的週期就縮短到 5 年。到這裡，你有沒有想過，如果你不是存錢的人，而是借錢的人，幾年後利滾利算下來，將是一個非常大的數目，意味著你要付出非常高的利息。所以借錢的時候一定要三思而後行，一旦衝動借錢，或許就很難翻身了。

等比數列的特質

關於等比級數和等比數列，還有三個事實我們應該知道。第一個事實是關於等比級數累積的數量，後半段要比前半段多得多，特別是倍數增加，甚至最後一項抵得上前面所有項的和。例如，我們知道初夏荷葉生長的速度是每天翻一倍，假如荷葉 20 天鋪滿荷塘，那麼請問是第幾天鋪滿荷塘的一半呢？很多人覺得是 10 天，其實是第 19 天才鋪滿一半，而第 20 天一天鋪的面積等於前 19 天的總和。

這就如同我們開頭故事中的國際象棋棋盤上，最後一個格子需要的麥粒數量抵得上前面所有格子麥粒數量的總和。如果你注意觀察春天柳樹新葉生長的情況就會發現，某一天，柳樹突然一下子就變綠了。這其實也是由倍數增加，或者說複利效應造成的。

　　複利是一把雙刃劍，既有令人喜愛的一面，也有令人恐懼的一面。有人說複利效應是世界第八大奇蹟，就是這個道理。

　　第二個事實是關於比值的。雖然在我們的例子中，等比數列的比值大於 1，也就是說後面的數會比前面的大，但是，等比級數的比值也可能是小於 1 的。例如，當比值為二分之一時，哪怕一開始的數字非常大，數列也會衰減得非常快，並且最後趨近 0。假設某個富翁用 10 億元投資，但是他比較莽撞，每次投資都會虧一半。你以為 10 億元很多，其實只要 10 次，他就會虧掉 99.9％的本金。在歷史上，很多超級富豪或者他們的後代，就是這樣在極短的時間裡把億萬家產賠光的。

　　第三個事實是，除非是公比非常大的等比數列，否則一開始它的增加並不顯著。我們說過，複利效應需要有足夠長

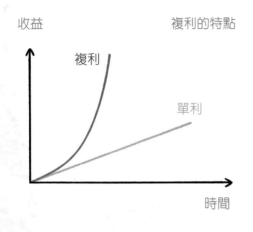

收益　　　　　複利的特點

複利

單利

時間

的時間才能看到效果，很多人會等不及，甚至質疑複利效應。我們從左圖可以看出，等比數列的增加會在某個地方出現一個轉捩點，過了那個點，增加就特別明顯。但是很多人在達到這個轉捩點之前就已經放棄了。如果嘗試更浪漫的說法，可以將複利效應看作化繭成蝶的過程，如果我們能堅持做某些事，在未來或許就會迎來意想不到的成長。

等比數列和等比級數是高等數學中非常重要的概念，人們透過它研究數量的變化趨勢和變數的值接近無窮大時數量的極限。在自然科學和經濟學中，它們也是重要的理論工具。

你以為的數字問題
可能都是幾何問題

等差數列問題

思考 請心算，從 1 加到 100 等於多少？

　　小時候，老師給我們出了一道數學題，問我們從 1 加到 100 是多少。雖然可以使用算盤，但由於計算這麼多數字難免出錯，我們班上 20 個人，最終沒有一個人得到正確答案。我回到家後，父親為我講解了這道題，原來這道題還有特別的解題技巧，並不需要做 99 次加法。

　　我們先把這道加法題的算式寫出來：

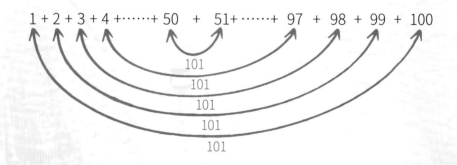

我們不難看出左邊第一個數字 1 和右邊第一個數字 100 相加等於 101，左邊第 2 個數字 2 和右邊第 2 個數字 99 相加也等於 101。我們這樣不斷加下去，直到加到中間兩個數字 50 和 51，它們相加依然是 101。從 1 到 100 這 100 個數位可以組成 50 組相加為 101 的數位對，於是 1 ＋ 2 ＋ 3 ＋ 4 ＋…＋ 50 ＋ 51 ＋…＋ 97 ＋ 98 ＋ 99 ＋ 100 ＝ 101×50 ＝ 5050。

高斯求和

這個問題解法並不複雜，但當時的我們都沒有靠自己這種簡潔的方法。不過，世界上還是有一些數學天才的。相傳，德國著名數學家高斯在 10 歲的時候，就獨自思索出了上面這種從 1 加到 100 的計算方法。據說當時他的老師布特納剛在黑板上寫完這道題，高斯就給出了答案。

085

不過，人們對這個傳說的真實性一直表示懷疑。於是，專門研究高斯的著名數學史家埃里克・坦普爾・貝爾對此進行了專門的考證，發現布特納老師當時給孩子們出的是一道更難的加法題：

81297＋81495＋81693＋81891＋……＋100701＋100899

　　這道題也是 100 個數相加，兩個相鄰的數之間相差 198，我們也可以用從 1 加到 100 的辦法解決它，因為左右相應位置兩個數加起來都是 182196。因此，81297＋81495＋81693＋81891＋……＋100701＋100899＝182196×50＝54109800。

　　當時布特納剛剛寫完這個長長的算式，高斯的計算就完成了，並把寫有答案的小石板交了上去。埃里克・坦普爾・貝爾在《數學大師》一書中寫道，高斯晚年經常喜歡向人們談論這件事，說當時只有他的答案是正確的，其他孩子都做錯了。不過高斯從來不喜歡講他是如何解題的，也沒有明確地告訴大家他是用什麼方法如此快速地解決了這個問題。

　　從這個例子可以看出，高斯從小就懂得尋找好的數學方法解決問題，而不是一味埋頭苦算。

　　上面這類問題，在數學上被稱為等差級數求和問題。所

謂等差級數，就是指在一系列進行連加運算的數位中，相鄰兩個數的差都是相同的。通常，我們把第一個數稱為 a_1，兩個相鄰的數之間的差稱為 d，一個等差級數就是 $a_1 + (a_1 + d) + (a_1 + 2d) + \cdots\cdots + [a_1 + (n-1)d]$，一共有 n 項。

計算等差級數的方法就是頭尾相加之後，乘以項數的一半，也就是：

$$a_1 + (a_1 + d) + (a_1 + 2d) + \cdots\cdots + [a_1 + (n-1)d]$$
$$= \frac{[2a_1 + (n-1)d] \cdot n}{2}$$

當然，可能有人會問，如果級數中只有奇數項怎麼辦。

在課堂上，等差級數的每一項所形成規律的數列稱「等差數列」。等差數列是指這樣一種數列：從它的第二項起，每一項與它前一項的差等於同一個常數。這個常數叫作等差數列的公差，公差常用字母 d 表示。公式中為什麼是（n-1）乘以公差 d 呢？這其實是表示，某一項和第一項中間有多少個公差的距離，例如，第二項就是 2-1 ＝ 1，也就是說，第二項距離第一項有一個公差的距離；第三項就是 3-1 ＝ 2，說明第三項距離第一項有兩個公差的距離，以此類推。

沒關係，這時這個計算公式依然有效，證明的過程並不複雜，我們就省略了。

聰明的數學王子

在數學史上，有人認為阿基米德、牛頓、高斯是人類歷史上最偉大的三位數學家，還有人把歐拉也算進來，把他們四個人並稱為四大數學家。高斯在很多數學領域都曾有傑出的貢獻。他在 18 歲時就發明了最小平方法，這是今天使用很多，也是最簡單從資料出發獲得數學模型的方法。高斯還研究了機率論中最重要的機率分布——常態分布。因此，這

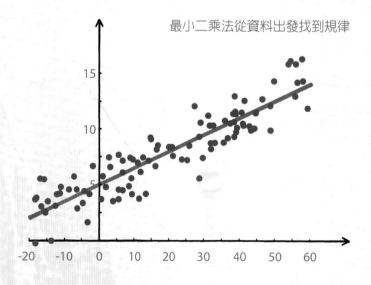

最小二乘法從資料出發找到規律

種機率分布在西方也被稱為高斯分布。常態分布反映了自然界很多現象背後的規律性，即非常極端的情況比較少，中間的情況比較多。例如，大家班上同學的身高，非常高的和非常矮的人都不多，中等身高的人比較多。

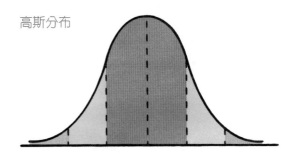

高斯分布

在幾何學上，高斯僅用直尺和圓規就構造出了正十七邊形，這是平面幾何學在歐幾里得之後長達

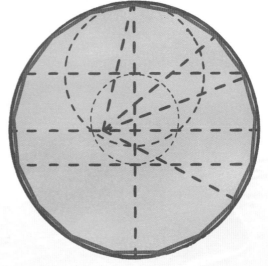

畫正十七邊形

2000 年的時間裡獲得的最重要補充。高斯當時只有 19 歲，他一生為自己能解決這個難題而自豪，因為他之前的大數學家牛頓也沒能解決這個問題。因此，高斯請後人把正十七邊

高斯

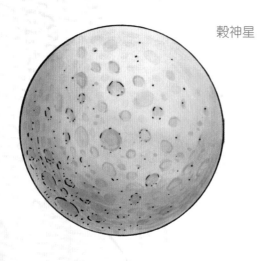

穀神星

形的圖案刻在了他的墓碑上。

　　高斯不僅是了不起的數學家，還是物理學家、天文學家和測量學家，他在天文學上最大的貢獻是計算出小行星穀神星的運行軌跡。後來奧地利天文學家海因里希・奧伯斯根據高斯計算出的軌道成功地發現了穀神星。如果要把高斯的貢獻都列出來，這個清單會非常長。今天，高斯曾經工作過的哥廷根大學把他的學術筆記放到了網際網路上，供全世界學者和科學史專家研究，這是屬於全人類共同的財富。

　　雖然等差級數的計算方法一直和高斯的傳奇故事相關，但是這個巧妙的方法其實並不是高斯最先發明的。西元前 5

世紀前後，畢氏學派在研究圖形數的時候，有觸及等差級數。隨後阿基米德、希庇亞、丟番圖等古希臘數學家，以及中國南北朝時的數學家張丘建、印度數學家阿耶波多、義大利數學家斐波那契等人，都在高斯之前發現了相應的演算法。

小面積大應用

等差級數求和有什麼用途呢？我們可以從幾何的角度來進一步理解它。

我們先把 1、2、3、4……這些數值用長條圖表示出來放在一起，就是下頁圖中顯示的形狀。為了清晰起見，我們只畫了從 1 到 10 的情況，大家可以看出 1 ＋ 2 ＋ 3 ＋ 4 ＋……＋ 10 之和，其實就是這個長條圖的面積。如果我們相加的項數較多，這些長條圖放在一起的形狀就像一個三角形。類似地，如果等差級數的第一項數值較大，把級數中的每一項畫出來，就構成了一個梯形，級數的和，就是梯形的面積。

因此，等差級數求和問題其實對應著三角形或者梯形面積計算的問題。或者說，任何級數求和問題，都可能對應著某一個幾何形狀的面積計算問題。面積計算問題不僅是一個

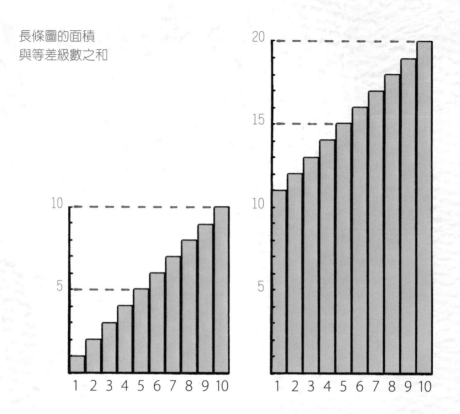

長條圖的面積
與等差級數之和

幾何學問題，在物理學中也有廣泛的應用，例如：透過加速度計算速度、透過速度計算距離，都等同於面積計算問題。雖然我們在中學學習了一些特定幾何形狀的面積計算方法，但是對於任意曲線圍成的面積，就需要用微積分中的積分計算了。

遺憾的是，在微積分中，絕大部分曲線的積分是無法直接計算出來的，因此，人們通常將那條曲線細分為很多份，

每一份都對應於一個很小的長方形，把這些長方形的面積加起來，就近似於原來曲線所圍的面積，而這就是級數求和的方法。

等差級數求和，是級數求和問題中最簡單的。絕大部分人學習級數求和，都是從這個簡單的例子開始的。

黃金分割
總是在不經意間出現

斐波那契數列

思考　樹木的枝葉是成倍數生長的嗎？

　　我們在前面講了等比數列和等差數列，其實還有一個非常有名的數列，那就是「斐波那契數列」，這個數列是怎麼來的呢？

兔子大家族

　　它是從研究兔子繁殖的速度得到的。假如有一對小兔子，一個月之後小兔子會長成大兔子。再過一個月大兔子會生下一對小兔子，我們稱它們為第二代兔子，目前總共有兩對兔子，分別是一大一小各一對。第三個月大兔子會再生下一對小兔子，且原來的小兔子會長成大兔子，目前總共有 3

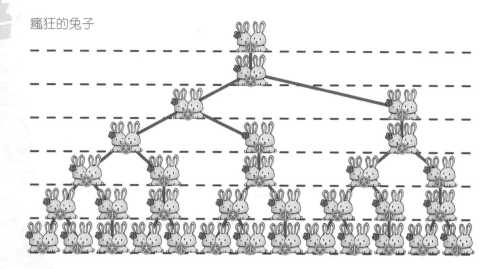

瘋狂的兔子

對，分別是兩大一小。第四個月兩對大兔子會再各生下一對小兔子，原來的小兔子則長成大兔子，所以會有三大兩小共五對兔子。牠們按此方式不斷繁衍下去，且兔子不會老死。那麼請問第 n 代的兔子有多少對？

解答這個問題並不難，我們不妨先給出前幾代兔子的數量，它們是 1、1、2、3、5、8、13、21、34……稍微留心一下這個序列的變化趨勢，我們就會發現，從第三個數開始，每一個數都是前兩個數之和，例如：

$$2 = 1 + 1$$
$$3 = 1 + 2$$
$$5 = 2 + 3$$

...

　　這個規律很好解釋，因為每一代兔子都是由前兩代生出來的，因此它的數量就等於前兩代的數量相加。我們可以把它寫成 $F_{n+2} = F_n + F_{n+1}$，其中 F_{n+2} 代表當前這一代兔子的數量，F_n 和 F_{n+1} 分別代表前兩代的數量。掌握了這個規律後，我們一代代地加下去，一直加到第 n 代，就得到了問題的答案。這個序列最初是由斐波那契想出來的，因此被稱為「斐波那契數列」，這些數也被稱為「斐波那契數」。

斐波那契的故事

這孩子從小就很聰明。

　　斐波那契生於西元 1175 年，是義大利比薩人，他的名字其實叫李奧納多，他的家族姓氏是波那契，斐波那契實際上是波那契兒子的意思。但是今天沒有多少人知道他的真名，只知道他是波那契的兒子。

　　斐波那契的父親是個商人，經常和阿拉伯人做生意。斐波那契很早就開始當父親的助手，他有一項特殊任務，就是

為父親記帳。在做生意的過程中，斐波那契接觸到很多阿拉伯人，並且學到了阿拉伯數字。斐波那契發現，記帳時阿拉伯數字比羅馬數字方便很多，

就對阿拉伯人非常崇拜，於是他決定前往阿拉伯世界學習更多的數學知識。大約在西元 1200 年，斐波那契學成回國，然後花了兩年時間，將他在阿拉伯世界學到的知識寫成了《計算之書》一書。

這本書有系統地表達了數學在四則運算、商業貿易、利息和匯率計算，以及代數學等領域的應用。它一方面體現出數學的應用價值，另一方面將阿拉伯數字引入歐洲。不過，由於當時歐洲還沒有印刷術，因此，阿拉伯數字的普及主要是在**古騰堡**改良印刷術之後的事情了。當時歐洲神聖羅馬帝國皇帝腓特烈二世熱愛數學和科學，便把斐波那契奉為座上賓。

回到斐波那契數列。當我們每次計算當前某一代兔子的

數量時，例如，第 n 代的數量時，必須知道前面幾代的數量。例如，我要問你第 20 代有多少對兔子，你恐怕得從第一代開始算起，這實在是不方便，我們希望能找到一個公式，直接算出第 n 代的數量，例如，將 20 代入公式，就知道第 20 代有多少對兔子了。

斐波那契數列的公式是存在的，但是比較複雜，不需要特別記住。不過斐波那契數列有一個性質值得大家瞭解，那就是它前後相鄰兩項 F_{n+1} 和 F_n 的比值 r_n 最後趨近黃金分割數 1.618……我們不妨把這個數列前幾項的比值計算一下，然後畫一張圖，大家就能看到這個規律了。

n	1	2	3	4	5	6	7	8	9	10	11	12
F_n	1	1	2	3	5	8	13	21	34	55	89	144
r_n	1	2	1.5	1.67	1.6	1.625	1.615	1.619	1.618	1.618	1.618	1.618

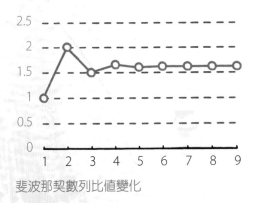

斐波那契數列比值變化

瞭解了斐波那契數列的這些特點以後，不難看出它增加的速度是很快的，雖然它趕不上 1、2、4、8、16……這樣的倍數增加，但

它也是等比增加的，只是比值是黃金分割數，比 2 小罷了。而且事實上，在現實生活中，兔子在沒有天敵的情況下，繁殖速度真的是如此快速的。

西元 1859 年，一個名叫托瑪斯・奧斯丁的英國人移民來到澳大利亞，他在英國生活時喜歡打獵，主要是打兔子。到了澳大利亞後，他發現沒有兔子可打，便讓親戚威廉從英國帶來了 24 隻兔子，以便繼續享受打獵的快樂。這 24 隻兔子到了澳大利亞後被放到野外，由於沒有天敵，

牠們便快速繁殖起來。

　　幾十年後，兔子的數量飆升至 40 億隻，這在澳大利亞造成了巨大的生態災難，不僅使澳大利亞的畜牧業面臨滅頂之災，而且植被、河堤和田地都被破壞了，引發了大面積的水土流失。澳大利亞人後來也開始吃兔子肉，但是吃的速度遠沒有兔子繁殖得快。後來澳大利亞政府動用軍隊捕殺，也收效甚微。最後，在西元 1951 年，澳大利亞引進了一種能殺死兔子的病毒，終於消滅了九成以上的兔子，可是少數大難不死的兔子產生了抗病毒性，於是「人兔大戰」一直延續至今。

無處不在的斐波那契數列

　　除了和黃金分割有著天然的聯繫，斐波那契數列是否還有其他的意義？或者說，我們為什麼要專門研究這個數列呢？

　　自然界很多物種生長、繁衍和發展的規律，都包含在斐波那契數列中了。例如，很多雜交物種過了兩代就會衰退，因此它們能夠繁殖出的後代數量不是 1 變 2、2 變 4、4 變 8

這樣倍數增加,而是像斐波那契數列那樣增加,如同兔子增加一樣。很多沒有修剪過的大樹,它們樹冠分枝的數量和大小不是成倍增加的,而是每年增加 60%左右。為什麼會是這樣的呢?因為樹木中新長出來的枝條往往需要「休息」一個週期,積累養分,供自身生長,然後才能萌發新枝。而已經休息過的老枝條,第二年會一分為二地長出枝杈。當然,新枝接下來仍然先進入「休息」狀態。在下圖中,紅色的代表休眠的樹枝,綠色的代表可以長出新枝的樹枝。大家可以看到,樹枝的數量是 1、2、3、5、8……這樣增加的,這和斐波那契數列增加的方式是一致的。在生物學上,這個規律被稱為「魯德維格定律」。

魯德維格定律

大樹分枝的數量符合斐波那契數列,樹的形狀並不對稱。

由於魯德維格定律的作用,樹冠通常是不對稱的,

這一個生長週期長出的部分，下一個生長週期就會休眠，這樣樹的各個分枝就會交替生長。如果你觀察一下樹葉的葉脈，會發現它們也是這樣生長的。

　　在自然界中，一些植物，例如：野玫瑰、大波斯菊、百合花的花瓣，以及一些植物（例如：番茄）果實的數目都是斐波那契數列中的數字，例如：3、5、8、13、21 等。為什麼會是這樣的呢？因為一朵花萼片的生長與樹枝生長一樣，分裂和休眠交替進行，當然它分裂若干次就停止了。因此，我們一般不會看到 55 或者 89 個等斐波那契數列中萼片的花。類似地，結果實的枝杈生長也是分枝和休眠交替進行，這樣花瓣和果實的數量都符合斐波那契數列。不過，由於植物會遇到病蟲害，或被動物吃掉，或被風吹雨打損壞，因此，你所見到的花瓣、果實與枝杈的數量未必全都符合斐波那契數列。

　　不僅植物的花瓣和果實在數量上符合斐波那契數列，一些植物果實的形

青花菜的形狀和
黃金分割螺旋線一致。

狀，以及一些軟體動物的外形，也符合黃金分割螺旋線。這也是因為它們的生長是按照 1，1、2、3、5、8、13……這個數量增加的。從這裡我們可以看出，自然界的美學符合數學特性。

關於斐波那契數列，還有兩點值得說明。

第一，由於斐波那契數列增加的方式和自然界很多事物增加的方式一致，因此斐波那契數列增加的速率，是我們人為設計的很多組織所能成長的速度極限。例如，一個企業在擴張時，需要給新員工指定導師或者師傅，才能保證企業文化得到傳承。通常一個老員工會帶一個新員工，而當老員工帶過兩三個新員工後，他們都會追求更高的職業發展，不會花太多時間繼續帶新人了，因此，帶新員工的基本是職級中等偏下的人。這很像兔子繁殖，只有那些已經性成熟而且還年輕的兔子在生育。類似地，一個單位業務的擴張速度也需要符合自然規律，如果太快，就會出現各種各樣的問題。

第二，斐波那契數列不僅和黃金分割有聯繫，還和很多數學規律相關。例如，我們前面講的巴斯卡三角形竟然也包含著斐波那契數列，這不是巧合，如果有興趣，你可以想想這是為什麼。

微積分發明者之爭

瞬間速度問題

思考　你心中的「一瞬間」是多長時間呢？

　　在知名遊戲《Minecraft》中，無數個小方塊可以組成各種宏偉的建築，構成了一個神奇的「方形世界」。但如果你遠望那些漂亮的建築，並不會覺得它們是方的，因為足夠小、足夠多的小方塊連起來就塑造了圓潤的弧線。其實微積分也是類似的道理。

到底是誰發明了微積分？

　　今天，人們一般認為，微積分有兩位主要的發明人——牛頓和萊布尼茲。但他們可不是夥伴關係，關於到底是誰發明了微積分，大家可是吵了一百多年呢！

　　牛頓不僅是數學家，也是一位物理學家，他發明微積分

你這不行，我的行！

的目的是建立科學（當時叫作**自然哲學**）的數學基礎。而萊布尼茲除了是數學家，還是邏輯學家以及研究方法論的哲學家，他發明微積分是為了創造出一種符合邏輯學和符號學的工具。因此，比較有可能的情況是，他們從不同的目的出發，各自想

到了微積分的概念。

重新認識速度

在牛頓的時代，有很多物理學，特別是力學的問題需要解決。例如，研究天體運行的速度，而牛頓發明微積分的一個重要目的，就是計算物體運動的瞬間速度。可能你會覺得，計算速度還不容易，我們在小學就學過了，不就是距離除以時間嗎？

沒錯，但這只是一段時間的平均速度，不是物體在某一刻的瞬間速度，在很多場合，物體運動的速度並不是均勻的，甚至是變化很大的。舉個例子，有時員警叔叔巡邏車輛超速時，不會詢問你行駛過這段時間的平均速度，而是會探測你的車子達到過的最高速度。因為如果你撞車了，撞擊的威力與你撞車時的瞬間速度息息相關。如果我們想知道物體在某一時刻的瞬間速度是多少，小學的方法就不太適用了。

那麼，牛頓是怎麼解決這個問題的呢？他採用了我們前面講過的無限逼近的方法。我們先回顧一下速度的定義：

如果一個物體在一段時間 t 內位移了 s，它在這段時間

內的平均速度 $v = \dfrac{s}{t}$ 。

例如，一輛汽車在 5 秒內走了 100 公尺，它的平均速度就是 100 公尺 ÷5 秒＝ 20 公尺 / 秒。

但是如果這輛汽車在不斷加速，這樣的估算就不夠準確了。如果我們把 5 秒縮短成 1 秒，那麼得到的結果會更貼近現實一點。

我們不難理解，汽車移動的距離 s 是隨著時間 t 變化的，也就是說，時間 t 決定了距離 s，我們把這種相關性稱為「距離 s 是 t 的函數」。如果把汽車行駛的距離 s 和行駛的時間 t 的關係畫在一張圖中，它是一條曲線。利用這條曲線，我們可以直觀地瞭解什麼是平均速度，以及取不同時間間隔時平均速度的差異。

在下頁圖中，橫坐標代表時間 t，縱坐標代表移動的距離 s。假如在 t_0 時刻，汽車的位置在 s_0 處，在 t_1 時刻，汽車移動到 s_1 的位置，汽車移動的距離是 s_1-s_0，花費的時間是

t_1-t_0，那麼汽車在這個時間段的平均速度 $\bar{v}$ 就是

$$\bar{v} = \frac{s_1-s_0}{t_1-t_0}$$

我們把它簡單地寫成 $\bar{v} = \Delta s/\Delta t$，其中 Δs 代表距離的變化量 s_1-s_0，Δt 代表時間間隔 t_1-t_0。例如，在前面的例子中 $\Delta s = 100$ 公尺，$\Delta t = 5$ 秒。

接下來，我們一起來看看在距離－時間曲線圖中，平均速度 v 是怎麼表示的。在圖中，平均速度，就是以 Δt 和 Δs 為直角三角形兩股

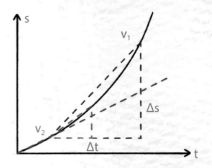

距離—時間曲線圖

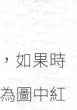

「Δ」是希臘字母，讀音近似「德爾塔」。它常常用於數學和物理計算中，以表示變化量。例如，t 代表時間，Δt 就代表了時間的變化量。

的那個黑色虛線三角形斜邊的**斜率**。我們可以看出，如果時間間隔 Δt 減小了，距離的間隔也減少了，它們就成為圖中紅色直角三角形的兩股，紅色三角形的斜率和原來黑色三角形的斜率是不同的。隨著 Δt 的變化，計算出來的平均速度就不

一樣了。Δt 越小，算出來的平均速度就越接近汽車在 t_0 時刻的瞬間速度。如果我們讓 Δt 趨近 0，那麼平均速度就非常接近瞬間速度了。這時，如果我們用同樣的方法

斜率，數學、幾何學名詞，在直線語境下，它表示一條直線關於橫坐標軸的傾斜程度。在直線上取兩個點，它們的縱坐標之差與橫坐標之差的比值就是直線的斜率。一般來說，斜率越高，表示直線越傾斜；斜率越低，表示直線越平坦。

做一個很小很小的三角形，它的三角形斜邊所在的直線，就是曲線在 t_0 點的切線，也就是圖中藍色的虛線，而汽車在這個點的瞬間速度就是在曲線 t_0 點時切線的斜率。

極限的提出

在微積分中，我們用這樣一個公式來描述瞬間速度：

$$v = \lim_{\Delta t \to 0} \frac{\Delta s}{\Delta t}$$

其中 lim 代表無限趨近。這個公式代表，當 Δt 無限接近

0 的時候，瞬間速度等於相應的路程除以相應的時間，即瞬間速度 v 等於那很短的時間內移動的路程 Δs 除以那段很短的時間 Δt。

牛頓給出了平均速度和瞬間速度的關係，即某個時刻的瞬間速度，是這個時刻附近一個無窮小的時間內的平均速度。這種無限趨近的描述，就是極限的概念，它將平均速度和瞬間速度聯繫了起來。

極限的概念在科學史上有很重要的意義，它說明宏觀整體的規律和微觀瞬間的規律之間並非互不相關，而是有聯繫的。當然，如果只是透過極限思想計算出一個時間點的瞬間速度，那麼比起 2000 多年前阿基米德用割圓術估算圓周率也沒有太多進步。牛頓了不起的地方在於，他用動態的眼光來看待物體運動的速度，並

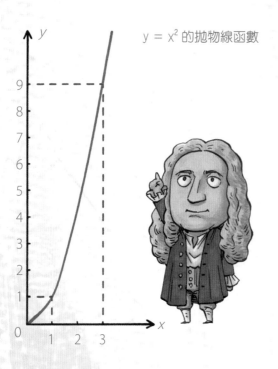

$y = x^2$ 的拋物線函數

且將這種認識擴大到對於任何函數變化快慢的描述。也就是說，函數曲線在每一個點的切線斜率，反映出這個函數在這個點變化的快慢。函數變化的速度，本身又是一種新的函數，牛頓稱之為「流數」，我們今天則稱之為「導數」。舉個例子，函數 $y = x^2$ 的導數 $y' = 2x$。在 $x = 1$ 時，$y = 1$；$x = 3$ 時，$y = 9$，也就是兩點座標分別為（1, 1）（3, 9）。而當 $x = 1$ 時，$y' = 2$；當 $x = 3$ 時，$y' = 6$，這意味著在這兩點上，函數的變化速度分別是 2 和 6，也就是一開始增加得比較慢，後來增加得比較快。

有了導數，人們就可以準確度量函數變化的快慢了，從定性估計精確到了定量分析，我們甚至可以準確地度量一個函數在任意一個點的變化，也可以對比不同函數的變化速度。也就是說，人類對於物體運動的認識在牛頓時代從宏觀進入了微觀。

導數是微積分的基礎，也可以用來描述很多物理學規律，例如，在物理學中，速度是位移（距離）的導數，因為它反映了距離變化的快慢。而加速度則是速度的導數，因為它反映了速度變化的快慢。類似地，動量是動能的導數。在物理學中，加速度和作用力是成正比的，於是作用力和速度

的關係也找到了。由於動量和動能也和速度有關，於是它們也間接地和作用力有關。透過這樣的方法，很多物理量都被關聯了起來。牛頓之所以能夠奠定經典物理學的基礎，和他發明並使用微積分是有關係的。

　　牛頓後來把他在數學和物理學上的主要貢獻寫成了一本書——《自然哲學的數學原理》。牛頓這本書的涵義就是為自然科學找到數學基礎。這本書是人類歷史上最具影響力的幾本書之一，在這本書中，牛頓仿照歐幾里得《幾何原本》的寫法，從定義、引理出發，一步步推導出他在數學和物理學上的發現。

　　講完了牛頓在微積分和物理學上的貢獻後，我們再來說

說萊布尼茲的貢獻。今天，萊布尼茲留給我們的遺產是一整套表示微積分的符號體系。微積分遠比加、減、乘、除運算複雜，需要一套使用方便而且一眼就能看懂的描述方法，萊布尼茲在提出微積分時使用的符號體系，比牛頓的便利，因此，今天很少有人會使用牛頓的符號體系，而是採用萊布尼茲的。

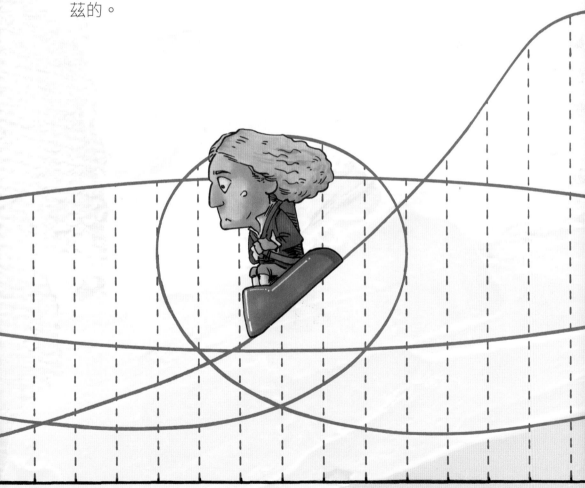

如何用數學
阻擋牛郎和織女見面?
函數連續性問題和微積分

思考　所有函數都有相對的導數嗎?

　　七月初七,牛郎和織女站在雲端的兩邊,等待喜鵲將他們腳下的路,連在一起,他們才能相會。這時候,只要我們「趕走」鵲橋,原本連續的路徑就斷掉了,故事便將變得錯

綜複雜起來。在函數中也是如此，下面我們就來看看函數連續性的問題吧。

什麼算連續？

連續函數的概念與定義，從直覺到嚴密走了很久。歐拉和拉格朗日都曾經嘗試討論連續函數的概念，而在讀過拉格朗日的作品之後，捷克數學家伯納德·波爾查諾於西元 1817 年和法國數學家柯西於 1821 年分別寫下幾乎相同的連續定義。現在數學上連續的嚴格定義則是西元 1872 年海涅將柯西的定義改寫之後確立的，所以我們常說柯西是給出連續函數定義的人。

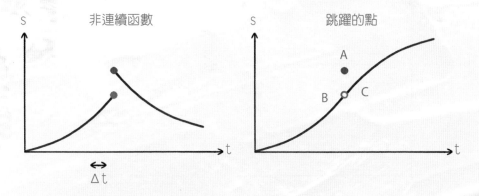

柯西用無窮小和極限的概念來定義連續性，但他的陳述學術味道很濃，我們簡單地解釋一下。如果某條函數的曲線

在無窮小的範圍內，變動的幅度也是無窮小，那麼它就是連續的。左半邊和右半邊都是連續的，但是左右兩邊放在一起，中間有中斷點，就不連續了。

連續性的應用

接下來，我們來談談函數連續性的一些實際應用。我們知道，如果函數不連續，在那個不連續的點導數是無法定義的。例如，你要讓一輛汽車在 0 秒中從靜止提升到每秒 1 公尺，加速度是辦不到的。當然，如果反過來，讓汽車從每小

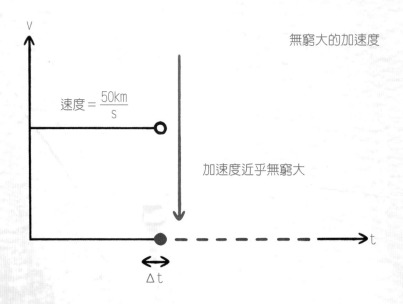

時 50 公里在 0 秒內停住，加速度也是無法計算的。

　　由於物體的受力和加速度成正比，加速度無窮大的汽車受到的衝撞力也是無窮大的。在現實中，除非汽車撞到一堵厚牆上，否則它不會從高速行駛到瞬間停下來。如果汽車真的撞到厚牆上，衝擊力會大到致人死亡，汽車再結實也沒有用。因此，今天汽車的撞擊保護裝置，往往是讓撞擊的時間盡可能延長，以保護駕駛人的生命。

　　相似地，一個電器在啟動工作的一瞬間，或者停止工作的一瞬間，電流也會很大。你插拔電源插頭時，會發現插頭那裡有火花，這其實也是因為電流是電量對時間變化的導數。你插插頭時，在一瞬間將電壓提升得很高，在拔插頭時，高電壓瞬間降為 0，它們的變化都是不連續的，這樣就會產生巨大的瞬間電流。這不僅能讓電路跳閘，還可能會損壞電器。因此，今天絕大部分電器，特別是大功

率的電器，都有啟動時的過載保護。在使用這些電器時，使用開關可以減少因電源插頭插拔時，可能造成金屬外露而產生的火花與觸電的危險。

在生活中絕大部分時候，我們都希望事情的變化是連續的，不希望在短時間裡有巨大的跳躍。這不僅反映在物理學和生活中，在經濟學、管理學等領域也是如此。例如，銀行提高利率，不能加得過猛，那樣就相當於人為製造出一個非常跳躍的利息曲線，可能會讓經濟變得很不穩定。

連續性的概念對於微積分非常重要，因為在連續性的基礎上，我們才有討論導數計算的可能性。所謂微積分，其實是微分和積分的組合。導數與微分的意思差不多，它們都是表示函數變化的快慢。那麼積分是做什麼的呢？簡單地講，一個函數的積分就是這個函數的曲線下方所包含的面積。

積分的妙用

我們在前面講過很多幾何圖形求面積的問題，例如：長方形、正方形、三角形、圓形等面積，這些都是規則形狀幾何圖形的面積。如果要計算任意曲線所圍成區域的面積該怎

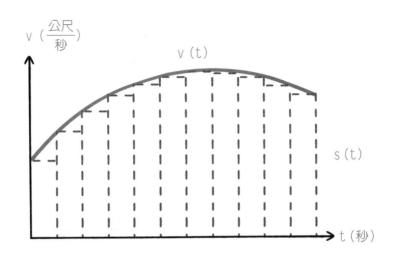

麼辦呢？就要用到微積分中的積分了。

　　積分的方法和我們前面講到的在計算圓的面積時，把圓分成很多份的想法非常相似。例如，我們要計算右頁上圖中這個曲線和坐標軸所圍出的面積，就可以把相應的區域劃分成很多很多小長方形，然後用所有長方形的面積之和來近似曲線所圍成的面積。這就是積分。特別值得指出的是，積分是導數運算的逆運算。例如，你給定的曲線是一輛車運動的速度隨時間變化的曲線，它下面所包含的面積恰好是這輛車在對應時間走過的距離。

　　這種把曲線下方的區域用很多豎著的長方形面積相加來近似的方法，被稱為**黎曼**積分。

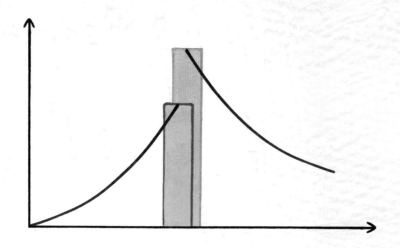

　　當然，用很多長方形近似的方式求曲線積分（面積）還有一個前提條件，就是那條曲線需要是連續的，如果不連續，這個

note

黎曼是 19 世紀中後期德國著名的數學家，他在數學分析和微分幾何方面曾有過重要貢獻，開創了黎曼幾何，並且為後來愛因斯坦的廣義相對論提供了數學基礎。

方法可能就無效了。例如，下圖的曲線，我們在計算不連續中斷點的積分（面積）時，是該按照藍色的長方形還是按照黃色的長方形來計算呢？這就算不清楚了。

　　遇到這種不連續的情況怎麼辦呢？我們通常的辦法就是

用那些不連續的點，把曲線分為若干段，如果每一段之中都是連續的，我們就可以分段求積分，也就是曲線下方的面積，然後再把它們加起來。

但是，如果一個曲線中間有無數個不連續的點該怎麼辦呢？

有人可能會講，你這不是找碴嗎，怎麼會存在無數個不

連續點的函數呢？但數學就喜歡你這樣的「找碴」精神，其實這樣的函數還真的存在。例如，狄利克雷函數，它是這樣定義的：

$$f(x) = 1，當 x 是有理數$$
$$f(x) = 0，當 x 是無理數$$

勒貝格積分

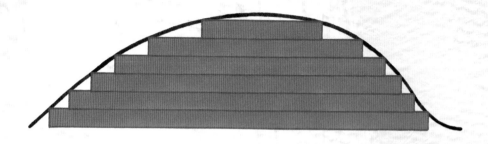

　　這個函數點點都不連續，其實我們無法在坐標系中畫出它的圖像，只能用虛線表示一個大意，紅色的部分表示 x 是有理數的情況，藍色的部分表示 x 是無理數的情況。而在 x 軸上，有理數和無理數似乎密集地「交錯」出現，所以函數呈現出了兩條「橫線」效果，其實它們是由不連續的點組成的。

　　如果我們用黎曼積分的方法，即分段求積分再加起來的辦法，顯然無法做到，因為我們不知道那些分割出

來的長方形的高度是 1 還是 0。因此在西元 19 世紀末之前，

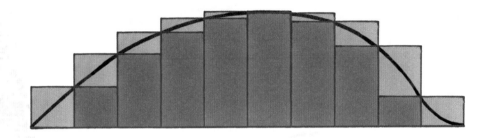

很多數學家就認為這種函數積分不存在。

不過，到西元 19 世紀末，法國數學家**勒貝格**發現，只要換一種思路來理解積分，像狄利克雷函數這種到處都不連續的函數，積分還是可以計算的。勒貝格計算積分的方法後來被稱為勒貝格積分，它和黎曼積分的主要差別在於，黎曼積分是豎著劃分小長方形算面積，而勒貝格積分是橫著劃分小長方形算面積。這裡面的細節我們就省略了。總之，換一個角度看問題，原來沒有解的問題就變得有解了。

從函數連續性這個概念我們不難看出，很多看似很直觀的概念，在數學中都需要有很清晰的定義。如果定義不清晰，就會影響數學的嚴密性。因此，學習數學最重要的是把那些關鍵性的概念搞清楚。

「點」和「線」
就能建構出複雜的問題
柯尼斯堡七橋問題和圖論

思考 你玩過不可以重複的「一筆劃」遊戲嗎？

　　西元 1735 年，瑞士大數學家歐拉來到當時東普魯士的名城柯尼斯堡。柯尼斯堡在歷史上非常有名，它曾經是德國文化中心之一，也是大哲學家康德的故鄉和數學家希爾伯特生活的地方。歐拉發現，當地居民有一項休閒活動，就是試圖將城中的七座橋的每一座都走一遍，而且只能走一遍，最後回到出發點，但這個活動從來沒有人成功過。柯尼斯堡的七座橋連接著普萊格爾河的兩岸和河中間的兩個湖心島。

　　這樣的問題其實可以理解為「一筆劃」問題，經過研究，歐拉發現柯尼斯堡城中的這個問題無解，然後在聖彼得堡科學院做了一次報告，講解了這個問題。第二年他發表了一篇論文，提出並解決了所有類似的「一筆劃」問題。在這篇論

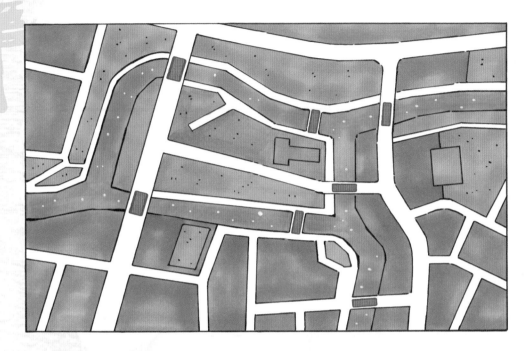

柯尼斯堡的七座橋

文中，歐拉發明了一個新的數學工具，這個工具後來被稱為「圖論」。

一筆劃問題

圖論可以把地圖簡化為平面上的一些節點和連接節點的一些弧線，這些節點和弧線的組合被稱為圖。例如，在七橋

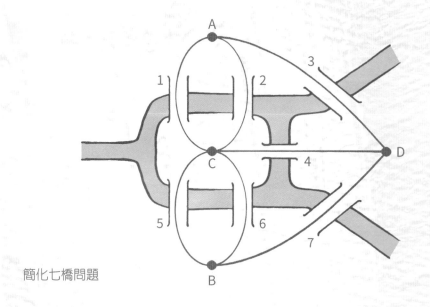

簡化七橋問題

問題中，河的兩岸和中間的兩個湖心島，可以簡化成四個節點，每一座橋對應著一條弧線。經過這樣的簡化之後，七橋問題就變成了完成一筆劃的問題了。

　　歐拉指出，並非所有圖都能夠一筆劃完成。任何一個能夠在任一點一筆劃完成並且回到起點的圖，都需要滿足一個條件，就是圖中所有的節點所連接的弧線數量必須是偶數。為什麼要有這個條件呢？因為這樣可以從一條弧線進入這個節點，然後再從另一條弧線走出去。例如，在下面的左圖中，中間的節點連著四條弧線，我們可以從一條進入，從另一條出去，然後再從第三條進入，從第四條出去，這樣四條弧線

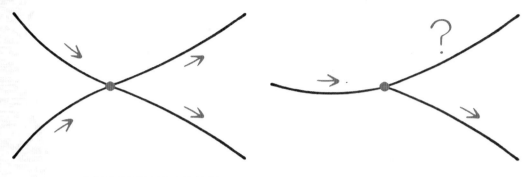

有偶數個弧線相連的節點　　　　　　有奇數個弧線相連的節點

都被走了一遍，並且僅被走了一遍。但是，如果是右圖的情況，就無法完成一筆劃了，因為中間的節點連著三條弧線，當我們從一條走進去，從另一條弧線走出來，第三條弧線要嘛無法走到，要嘛還得把某條走過的弧線再走一遍。我們今天把圖中一個節點所連接的弧線的數量稱為這個節點的度。

　　在柯尼斯堡七座橋所對應的圖中，每個節點連接的都是奇數條弧線，也就是說它們的度為奇數，因此，這樣的圖就無法一筆劃完成。例如，從節點 A，也就是河岸 A 開始，我們從第一座橋離開，再從第二座橋回到那裡。接下來要不是第三座橋走不到，不然就是走過了第三座橋之後，同時還把第一或者第二座橋再走一遍。不論是哪種情況，都不符合一筆劃的要求。

歐拉的那篇論文通常被認為是圖論的第一篇學術論文，他在圖論上最大的貢獻，是發明了這種只有點和線的抽象工具，用這種工具，可以解決很多平面圖形的問題和幾何體的問題。在此基礎上，也產生並發展起了**拓撲學**。在拓撲學和圖論的結合點上，有很多著名的問題。例如，我們後面會講到的四色地圖問題。

　　今天，很多複雜的問題依然可以簡化為這種只有節點和弧線的圖。例如，整個網際網路看起來非常複雜，但從本質上講，它就是以一個個伺服器為節點，以及連接伺服器的通信線路（包括空中的無線電頻帶）為弧線，構成的一張圖。在沒有網際網路之前，這種點與線的邏輯關係在很多地方已經存在了。例如：由電話機、電話交換機和電話線路構成的電話網，由火車站和鐵路構成的鐵路交通網等等。甚至很多虛擬的關係也可以抽象成圖，例如：學術論文及其裡面

試試看，哪些圖可以一筆劃完成？

所引用的參考文獻。一篇篇論文是節點，參考文獻產生了弧線的作用，它們將知識點變成了知識圖譜。此外，你的人際關係也是一張圖，每個人都是主體，構成了網路的節點，人與人之間的情感連繫就是弧線。

圖論的應用

正是因為生活中的很多場景都容易和圖產生直接的對應關係，因此圖論便成了西元 20 世紀近代數學和電腦科學最重要的分支領域。科學家設計出很多抽象的圖論演算法，每一個這樣的演算法都可以解決一大批現實生活中的具體問題。由於這些圖論的演算法都能夠在電腦上實現，因此圖論

就構建起使用電腦解決現實問題的橋樑。

　　例如，我們今天使用的叫車軟體，匹配乘客和司機的核心演算法就是圖論中一個經典問題的演算法──二分圖最大匹配演算法。什麼是二分圖呢？它是一種特殊的圖，這種圖的節點可以分為兩個集合，集合內部的節點之間沒有任何弧線連接，圖中所有的弧線都橫跨在兩個集合之間，就像下圖所顯示的。在這張圖中，所有的弧線都是在 U 和 V 這兩大集合之間，U 和 V 內部是沒有弧線相連的。

　　什麼是二分圖的最大匹配呢？就是在 U 和 V 這兩個集合

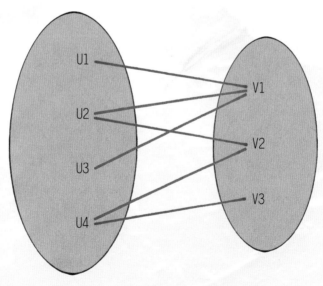

二分圖的最大匹配示意

之間，找到一批盡可能多地將兩個集合之間的節點成對連接起來的弧線。當然，每一個節點只能和對方一個節點相連，不能和兩個以上的節點相連。這就如同絕大部分婚姻的配對，一個人只能和另一個人結婚，反之亦然。

在叫車軟體中，司機和乘客之間有弧線相連，乘客內部或者司機內部是沒有弧線相連的。叫車軟體要做的事情，就是盡可能多地在乘客和司機這兩個集合之間配對，一個乘客不可能同時乘坐兩輛車，一個司機也不可能同時接兩單生意（這裡先不考慮更複雜的共乘情況）。

因此，圖論中的相應演算法就能解決叫車軟體的問題。

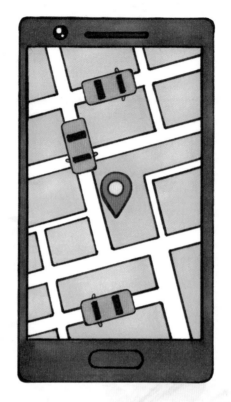

科技拯救路痴

如果要同時考慮怎樣賺更多的錢，將成交的金額最大化，圖論中也有相應的演算法支援，即二分圖的最佳帶權匹配演算法。此外，一個網頁放什麼樣的廣告，交友網站如何匹配男女雙方，都是同一個演算法的不同應用而已。

用數學能賺錢？
只要你能學會這個

賭徒勝率問題

思考 如果第一次擲硬幣得到了正面，那第二次擲得背面的機率是多少呢？

　　當你擲硬幣的時候，得到正面與反面的可能性都是二分之一；當你擲骰子的時候，得到每個面的可能性都是六分之一，這不難理解。如果上一局有人擲硬幣得到了正面，這一局你賭反面，獲勝的可能性會提升，還是依然為二分之一呢？這就涉及數學中「機率論」的知識了。

　　機率論是數學的一個重要部分，今天它的應用場景要比其他高等數學的分支更廣泛。你或許聽說過非常熱門的「大數據」一詞，它的方法基礎就是機率論。不過，最早研究機率的並不是我們常提到的那些聰明的數學家，而是賭徒。因為牌桌上的輸贏與賭徒的錢包息息相關，對機率論的研究更像是將軍研究戰法，賭徒們苦苦思考，為什麼在賭局中真實

運氣也可以數學化。

的獲勝率往往與人們的想像相反呢？

莊家的數學題

在沒有機率論的時候，不僅一般的賭徒算不清機率，設置賭局的莊家其實也不會計算機率。不過莊家比一般賭徒有優勢，因為他們的經驗更加豐富，雖然他們算不清楚牌出現的機率，卻可以依靠經驗猜出牌局中哪種分布更可能發生。例如，西元 17 世紀的時候，歐洲有一種簡單的賭局遊戲，遊戲規則是由玩家連續擲 4 次骰子，如果其中沒有 6 點出現，

則玩家贏，但只要出現一次 6 點，就是莊家贏。

在這個賭局中，雙方獲勝的可能性是比較接近的，甚至很多玩家會覺得自己更容易贏，因為 6 點每次出現的機率只有六分之一。不過，莊家敢這樣設置必然有其合理性，他們的直覺確實要更準確。在這樣的規則下，玩家如果玩的次數多了，就會註定是輸家。

在歷史上，有明確記載最早從數學角度研究隨機性，就是從賭局問題開始的。西元 17 世紀中，一個賭徒向他的朋友數學家巴斯卡請教，是否能證明擲 4 次骰子的過程中，出現一次 6 點的可能性比不出現 6 點的可能性更大。巴斯卡經過計算，發現莊家的贏面還真是稍微大一點，大約是 52%：48%。大家不要小看莊家這多出來的 4 個百分點，累積起來，能聚斂很多財

求大師指點迷津！

富。那麼巴斯卡是怎麼計算的呢？

我們知道擲 1 次骰子可能產生 6 種結果，就是從 1 點到 6 點，那麼擲 2 次骰子能產生多少種不同的結果呢？能產生 6×6 ＝ 36 種。以此類推，擲 3 次骰子能產生 6×6×6 ＝ 216 種，擲 4 次骰子能產生 6×6×6×6 ＝ 1296 種。

接下來，讓我們來看看有多少種情況玩家能贏。由於玩家能贏的條件是每次都不能出現 6 點，因此結果只能是 1 到 5 點的組合，一共有 5×5×5×5 ＝ 625 種可能情況。因此，剩下的 1296-625 ＝ 671 種可能情況都是莊家贏。

當數學家參與賭局

在同時期研究賭局機率的數學家還有費馬，他和巴斯卡之間有很多通信，今天人們一般認為，是他們二人創立了機率論。巴斯卡和費馬的研究工作顯示，雖然各種不確定性問題無法找到一個確定的答案，但是背後還是有規律可循的，例如，人們能知道什麼情況發生的可能性大，什麼情況不容易發生。

到西元 18 世紀啟蒙時代，法國政府債台高築，不得不

賺翻了！

經常發行一些彩券補貼財政。
但是由於當時人們的數學水準
普遍不高，發行彩券的人其實
也搞不清該如何獎勵中獎者。
著名的啟蒙學者伏爾泰與當時
最精通數學的拉孔達明（牛
頓受到蘋果啟發發現萬
有引力定律的說法就
是由伏爾泰傳出
去的），透過計算找出了法國政府彩券的漏洞，找到了一些
只賺不賠的買彩券方法，賺到了一輩子也花不完的錢。伏爾
泰一生沒有擔任任何公職，也沒有做生意，但是從來沒有為
錢煩惱過。你是不是想探尋他的方法？不要白日做夢啦，現
在的彩券已經沒有類似的漏洞了。伏爾泰並沒有迷失在這筆
財富之中，從彩券上賺到的錢讓他能夠專心寫作，研究學問。

機率破繭而出

在 18 世紀，越來越多的數學家對機率論產生了興趣，

開始研究機率論的問題。但是，機率論有一個最基本的問題要先解決，就是「如何定義機率」，機率就是「可能性」嗎？這個問題最初是由法國數學家拉普拉斯解決的。

拉普拉斯是一位了不起的數學家和科學家，他除了在數學上的貢獻，還發明了拉普拉斯變換，完善了康德關於宇宙誕生的星雲說等，今天星雲說也被稱為康德 - 拉普拉斯星雲說。不過，拉普拉斯除了熱愛學問，還熱衷於當官，恰巧他又有一位很著名的學生——**拿破崙**。拿破崙在軍校學習時，就是由拉普拉斯教授數學。靠這層關係，拉普拉斯後來還真當上了政府的某個部長，不過，他的政績不太好，因此拿破崙說，拉普拉斯是一個偉大的數學家，但卻不是一個稱職的部長。

拉普拉斯說，要先定義一種可能性相同的基本隨機事件，這種事件也被稱為單位事件或者基本事

件。例如，我們擲骰子，每一面朝上的可能性都相同，都是 $\frac{1}{6}$，於是每一面朝上就是一個單位事件。如果同時擲兩顆骰子，情況就比較複雜了。我們知道，兩顆骰子的點加起來可以是從 2 到 12 之間的任何正數，有 11 種可能的情況。那麼，這 11 種情況出現的可能性都相同嗎？有人可能就會一頭霧水了，覺得一共有 11 種可能性，當然每一種情況出現的可能性就是 $\frac{1}{11}$，所以應該都相同。其實擲兩顆骰子，加起來總和是某個點數的情況，並不是單位事件。例如，兩顆骰子加起來是 6 點，兩顆骰子分別的點數可以是（1, 5）（2, 4）（3, 3）（4, 2）（5, 1）共 5 種情況，每種情況是互不相同的單位事件。

在單位事件的基礎上，拉普拉斯定義了古典的機率，即一個隨機事件 A 的機率 P(A)，就是這個隨機事件中所包含的單位事件數量，除以所有的單位事件數量。

例如，在擲兩顆骰子的問題中，兩顆骰子的點數組合共有 36 種單位事件，即當第一顆骰子是 1 點時，第二顆骰子為 1-6 點的 6 種情況，當第一顆骰子是 2 點時，第二顆骰子為 1-6 點的 6 種情況，以此類推，算下來一共是 36 種。每一種單位事件都不可再分。

骰子1 / 骰子2	1	2	3	4	5	6
1	2	3	4	5	6	7
2	3	4	5	6	7	8
3	4	5	6	7	8	9
4	5	6	7	8	9	10
5	6	7	8	9	10	11
6	7	8	9	10	11	12

兩顆骰子點數和是 6 的情況。

　　如果我們要計算兩顆骰子加起來等於 6 點的情況，只要數數這種情況包括了多少單位事件——共有 $(1, 5)(2, 4)(3, 3)$ $(4, 2)(5, 1)$ 5 個單位事件。於是我們用 5 除以總數 36，得到兩顆骰子加起來等於 6 點的機率是 $\dfrac{5}{36}$。用這種方法我們

機率　　　　　　　　　擲兩顆骰子得到不同結果的機率分布

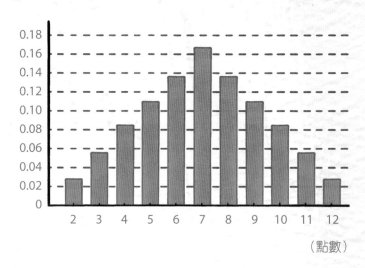

（點數）

會發現，2 點和 12 點的機率最小，是 $\frac{1}{36}$；中間 7 點的機率最大，是 $\frac{1}{6}$。從 2 點到 12 點，這 11 種情況的機率並不相同，它們的機率可以用上方這張長條圖表示：中間最大，兩端最小。

　　回到巴斯卡所解決的擲 4 次骰子的問題。所有的單位事件有 1296 個，而玩家贏的單位事件有 625 個，因此玩家贏的機率就是 $\frac{625}{1296} \approx 0.48$。

　　從 18 世紀末到 19 世紀，越來越多的數學家開始對機率論產生濃厚的興趣，包括瑞士的伯努利，法國的**拉普拉斯**和**帕松**等人，以及德國的高斯、俄國的切比雪夫和**馬可夫**等人，

他們都對機率論的發展有很大的貢獻。經過他們共同的努力，古典機率論的基礎逐漸建立了起來，很多實際的問題也得到了解決。

不過古典機率論依然存在一個嚴重的邏輯漏洞，這個漏洞是怎麼補上的，我們接下來再介紹。

生活中無處不在的機率問題！

機率循環定義問題

思考　如果骰子不是正方體，還能用古典機率論計算嗎？

　　古典機率論是建立在拉普拉斯對機率定義基礎之上，即「一個隨機事件的機率，等於這個隨機事件中所包含的單位事件，除以所有單位事件的總數」。

要讓這個定義成立，需要一個隱含的前提條件，就是所有單位事件本身的機率必須相同。我們可以繼續用擲骰子來做比喻：

　　一顆骰子有 6 個面，擲出時每個面朝上的機率都是相同的，即都是 $\frac{1}{6}$。但問題是，什麼叫作機率相同呢？

開盒玩不需要學數學吧？

骰子的機率我們很容易看出，但是其他問題也許並沒有這麼明顯。要定義機率，就需要先有「相同機率的單位事件」這個概念，而其中提到的單位事件，又是以「機率相同」為前提的。這就犯了循環定義的錯誤，即我們是在「用機率來定義機率」。

除了邏輯上不嚴謹，拉普拉斯的機率定義還有一個大問題，就是在很多時候，我們無法列舉出所有的單位事件，甚至無法列舉出所有的可能性。例如，醫療保險公司無法確定一個60歲的人在接下來的3年裡得重病的機率，因為它無法知道所有可能發生的意外。不過，由於拉普拉斯這種定義大家都能理解，而且建立在這個定義之上得到的機率論的結論似乎又都是正確的，因此，在很長一段時間裡，人們也沒有追究這個定義的嚴密性。

沒有什麼選擇題是用拋硬幣解決不了的！

但是，數學是一個建立在嚴格邏輯基礎之上的知識體系，不允許有不嚴格的情況出現。在使用了200年不嚴格的機率論定義之後，終於出現了一位偉大的數學家，把這個

問題圓滿地解決了。他就是西元 20 世紀蘇聯數學家科摩哥洛夫，他讓機率論有了今天崇高的地位。

科摩哥洛夫的「隨機」人生

科摩哥洛夫和歷史上的牛頓、高斯、歐拉等人一樣，是數學史上少有的全能型數學家，而且和牛頓等人一樣，他在青年時就取得了不得的成就。科摩哥洛夫在年輕的時候就發表了機率論領域的第一篇論文，30 歲時出版了《機率論基礎》一書，將機率論建立在嚴格的公理基礎上，從此機率論正式成為一個嚴格的數學分支。同年，科摩哥洛夫發表了在統計學和隨機過程方面具有劃時代意義的論文《機率論中的分析方法》，它奠定了馬可夫過程的理論基礎。從此，馬可夫過程都是資訊理論、人工智慧和機器學習強有力的科學工具。

生活中的數學無處不在！

沒有科摩哥洛夫奠定的這些數學基礎，今天的人工智慧就缺乏堅實的理論支持。科摩哥洛夫一生在數學之外的貢獻也極大，如果把他的成果列出來，幾頁紙的篇幅都不夠，當然，他最大的貢獻還是在機率論方面。接下來我們就講講科摩哥洛夫的機率論公理化。

　　首先，科摩哥洛夫定義了一個樣本空間，它包含了我們要討論的隨機事件所有可能的結果。例如，拋硬幣的樣本空間就包括正面朝上和背面朝上兩種情況，而擲骰子有 6 種情況，你如果擲兩顆骰子，樣本空間就是（1，1）（1，2）……（6，6）共 36 種情況。科摩哥洛夫所說的樣本空間不一定必須是有限的，也可以是無限的。

　　其次，科摩哥洛夫定義了一個集合，它包含我們所要討論的所有隨機事件，例如：

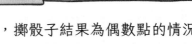

擲骰子不超過 4 點的情況，擲骰子結果為偶數點的情況；身高超過 180 公分的情況，身高在 170-180 公分之間的情況等等。

　　它們都是隨機事件。

最後，科摩哥洛夫定義了一個函數（也被稱為測度），它將集合中任何一個隨機事件對應一個數值。只要這個函數滿足下面三個公設，它就被稱為「機率函數」。這三個公設說起來很簡單：

公設一：任何事件的機率是在 0 和 1 之間（包含 0 與 1）的一個實數。

公設二：樣本空間的機率為 1，例如擲骰子，1 點朝上，2 點朝上……6 點朝上，它們在一起構成樣本空間，所有這 6 種情況放到一起的機率為 1。

公設三：如果兩個隨機事件 A 和 B 是互斥的，也就是說 A 發生的話 B 一定不會發生，那麼，事件 A 發生的機率或事件 B 發生的機率，就是 A 單獨發生的機率加上 B 單獨發生的機率。這也被稱為互斥事件的加法法則。這個很好理解，例如，擲骰子 1 點朝上和 2 點朝上顯然是互斥事件，1 點或 2 點任意一種情況發生的機率，就等於只有 1 點朝上的機率加上只有 2 點朝上的機率。

　　可以看出，這三個公設非常簡單，符合我們的經驗，而且不難理解。你可能會猜想，在這麼簡單的基礎上就能建構出機率論？基於這樣三個公設，整個機率論所有的定理，包

括我們前面討論的內容，都可以推導出來。

機率論定理

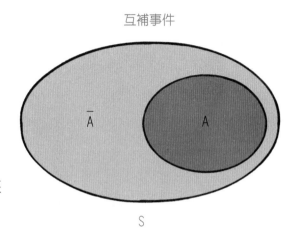

互補事件

我們不妨看幾個最基本的機率論定理，是如何從這三個公設中推導出來的。

定理一，互補事件的機率之和等於 1。

所謂互補事件，就是 A 發生和 A 不發生（Ā）。例如，整個樣本空間是 S，A 發生之外的全部可能就是 Ā。

由前面的公設二和公設三，很容易證明這個結論。具體作法如下：

①首先，A 發生則 Ā 不會發生，因此它們是互斥事件，所以，

$$P(A \cup \bar{A}) = P(A) + P(\bar{A})$$

②根據互補事件的定義，A 和 Ā 的聯集就是全集，即 $A \cup \bar{A} = S$，而 $P(S) = 1$。

根據上述兩點
我們得知，

$P(A) + P(\overline{A})$

$= P(A \cup \overline{A})$

$= P(S) = 1$。

定理二，不可
能事件的機率為 0。

從第一個定理
可以得知，兩個互

補事件合在一起就是必然事件，因此必然事件的機率為 1。
而必然事件和不可能事件形成互補，於是不可能事件的機率
必須為 0。

以此類推，我們可以證明拉普拉斯對機率的定義方法，
其實可以由這三個公設推導出來。根據拉普拉斯的描述，那
些單位事件是等機率的，而且是互斥的。我們假定有 N 種這
樣的單位事件，並假定單位事件的機率為 p，所有 N 個這樣
的事件的聯集構成整個機率空間的全集。根據第二公設，我
們知道其機率總和為 1。再根據第三公設，我們知道機率總
和為 N×p，因此，N×p = 1，於是，$p = \dfrac{1}{N}$。

例如：拋硬幣，N＝2，則正反面的機率各一半。

對於擲骰子，N＝6，每一個面朝上的機率為 $\frac{1}{6}$。

　　有了機率的公設和嚴格的定義，機率論才從一個根據經驗總結出來的應用工具，變成了一個在邏輯上非常嚴格的數學分支。它的三個公設非常直觀，而且和我們現實世界完全吻合。

　　我們透過表達機率論發展的過程，揭示了數學家修補一個理論漏洞的過程和思考方法。只有建立在公設化基礎上的機率論才站得住腳，而之前的理論，不過是在公理化系統中的一個知識點。

生活經驗對數學學習的影響有多大？

平行公理問題

思考 如果過直線外一點做不出平行線，我們的數學體系還存在嗎？

　　從歐幾里得開始，幾何學經過了 2000 年幾乎沒有什麼大發展。雖然在這中間，一些數學家解決了某些幾何學的難題，例如，高斯解決了正十七邊形作圖的問題，但是一個具體問題的解決通常不能得到新的定理，也表示產生不了多少新的知識。

一切從公理出發

　　不過，在歐幾里得確定公理化幾何學之後，數學家心中也存有疑問，歐幾里得設定的 5 條最基本的公設是否都是必要的？這 5 條公設如下：

①直線公設：過兩個不同點，能做且只能做一條直線。

②有限的線段可以向兩邊任意地延長。

③圓公設：以任意一點為圓心、任意長為半徑，可做一圓。

④直角公設：凡是直角都相等。

⑤平行公設：同平面內，如果一條直線與另外兩條直線相交，在某一側的兩個內角和小於兩直角和，那麼這兩條直線在不斷延伸後，會在內角和小於兩直角和的一側相交。

　　前三條公設涉及我們用圓規和直尺作圖，因此也被稱為「尺規作圖公設」。第五條公設的描述非常晦澀難懂，我們畫出圖來就是下圖這樣的：

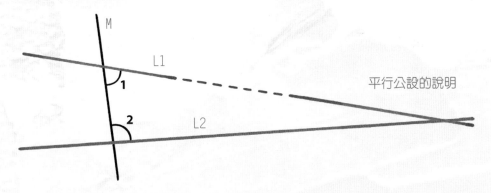

平行公設的說明

　　在上圖中，∠1＋∠2＜180°，因此 L1 和 L2 最終會相交於右側，這就是第五條公設的涵義。當然，如果∠1＋∠2＞180°，和它們相鄰的兩個角相加就會小於180°，於是

L1 和 L2 就會在反方向相交。如果∠1 ＋ ∠2 ＝ 180°，情況會是什麼樣的呢？根據第五條公設，L1 和 L2 就永遠不會相交，因此它們就是平行線。因此，這條公設等同於下面這種更通俗的描述：

從直線外的一點，可以且只能做該直線的一條平行線。

人們很快發現，前四條公設都非常重要，拿走其中任意一條，我們幾乎得不到任何有效的幾何學結論。但是，第五條公設真的是必要的嗎？或者說，它能否透過前四條公設推導出來呢？人們之所以這麼想，一方面是因為這條公設的描述不像前四條那麼簡單，更像是一個定理；另一方面，在歐幾里得的《幾何原本》中，其他公設一開始就被使用到了，而平行公設比較晚時才使用到。事實上，歐幾里得本人也不太喜歡這條公設，直到一些定理不使用它就無法證明的時候，它才開始被使用。

於是，人們花了 2000 多年的時間，試圖在不使用這條公設的情況下，依然能夠構建出幾何學，但是還是都失敗了。

突破第五公設

19 世紀初，俄國數學家羅巴切夫斯基又進行了這樣的嘗試，他試圖證明第五公設是個定理，即能夠由其他公設推導出來，他的嘗試不出意外地也失敗了。後來義大利數學家貝爾特拉米證明了平行公設和前四條幾何公設一樣是獨立的，人們才放棄這種努力。不過羅巴切夫斯基的工作並沒有白做，他發現，如果將第五公設進行修改，例如，修改成「通過直線外的一個點，能夠做該直線的任意多條平行線」，就會得到另一套幾何學系統。這一套新的幾何學系統，後來被稱為「雙曲幾何」，又稱為「羅氏幾何」。

羅氏幾何和歐幾里得幾何所採用的邏輯完全相同，所不同的只是對第五公設的不等價陳述，當然結果也就有所不同了。再往後，著名數學家黎曼又假定，經過直線外的一點，一條平行線也做不出來，於是又得到另一種幾何系統，它被稱為「黎曼幾何」。羅氏幾何和黎曼幾何也被統稱為「非歐

幾何」，這裡面的「歐」就是指歐幾里得，我們平常所瞭解的幾何學也就相應地被稱為「歐幾里得幾何」或者簡稱為「歐氏幾何了」。

那麼，這樣得到的三種幾何學哪個對、哪個錯呢？其實它們沒有對錯之分，我們很容易證明，這三種幾何學是等價的。也就是說，在一種幾何學中能解決的問題，在另一種中也能解決；相反地，在一種幾何學中解決不了的問題，在另一種中也是無解的。雖然根據我們的直覺，歐幾里得的想法似乎是對的，其他兩種是錯的，因為我們在紙上畫不出羅巴切夫斯基或者黎曼所描述的情況，但那是因為我們生活在一個「方方正正」的世界裡。

例如：我們看到一束光射向遠方，走的是直線；兩條鐵軌筆直地向遠方延伸，是不會相交的。因此，我們先入為主地認為對任意直線和直線外的一點，不可能做不出一條平行線，更不可能做出兩條來。

但是，如果我們所生活的空間是扭曲的，我們以為的「平面」實際上是馬鞍形，也就是所謂的雙曲面，那麼羅巴切夫斯基幾何就是正確的，因為過直線外的一個點真的能夠做出這條直線的很多條平行線。

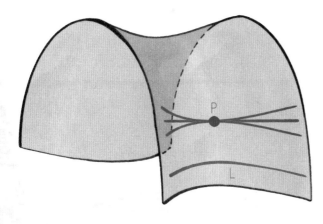

在雙曲面上，過直線（L）外一個點（P）可以做那條直線的任意條平行線。

相反地，如果我們生活在一個橢球面上，過直線外的一個點，就是一條平行線也做不出來。如果想過紅色的點做一條和紅色直線平行的線，最終那條線是要在球的某一點上和紅色線相交的。

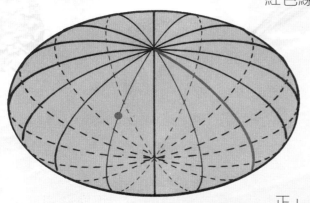

在橢球面上，過直線外一個點，無法做那條直線的平行線。

從上面的分析中可以看出，歐氏幾何、羅氏幾何和黎曼幾何，分別在「方方正正」的空間、雙曲面的空間和橢球的空間裡是正確的。可以證明，雖然非歐幾何和歐式幾何看起來很

不相同，甚至給出的結論也不相同，但卻殊途同歸。同一個命題，可以在這三種幾何體系中相互轉換，如果在歐幾里得幾何裡是可以自行推演的，在非歐幾何裡也是如此。

從非歐幾何被提出，並被驗證，我們更加能夠體會到，數學並不是經驗科學，不能靠經驗和直覺，因為我們的直覺和經驗會限制我們的理性。我們之所以覺得歐幾里得的假設是正確的，羅巴切夫斯基和黎曼的想法難以理解，是因為我們用自己的經驗把思維限制住了。

非歐幾何的應用

既然三種幾何學體系是等價的，那麼為什麼數學家要構建出兩個和我們的生活經驗不同的幾何學體系呢？羅巴切夫斯基和黎曼在構建各自的幾何學

我們三個人說的是同一件事，你聽懂了嗎？

體系時，並不知道自己建立的非歐幾何能有多少實際用途。當初黎曼提出新的幾何體系，只是希望給那些涉及曲面的數學問題一個簡單的陳述而已。

黎曼幾何在誕生之後的半個多世紀裡，都沒有找到太多實際的用途。後來真正讓它為世人知曉的並非某個數學家，而是著名的物理學家愛因斯坦。愛因斯坦在著名的廣義相對論中，所採用的數學工具就是黎曼幾何。根據愛因斯坦的理論，一個質量大的物體（例如：恆星）會使周圍的時空彎曲，如下頁圖所示。牛頓所說的萬有引力則被描述為彎曲時空的一種幾何屬性，即「時空的曲率」。愛因斯坦用一組方程式，把時空的曲率中的物質、能量和動量聯繫在一起。之所以採用黎曼幾何這個工具而不是歐氏幾何來描述廣義相對論，是因為時空和物質的分布是互相影響的，在大品質星球的附近，空間被它的引力場扭曲了。在這樣扭曲的空間裡，光線走的其實是曲線，而不是直線。

西元 1919 年，亞瑟·愛丁頓爵士利用日食觀察星光，發現光線軌跡在太陽附近真的變成了曲線，直到這時大家才開始認可愛因斯坦的理論。這件事也讓黎曼幾何成為理論物理學家的常用工具。例如，在過去 30 年中，物理學家對超

地球的引力場
讓周圍的時空彎曲。

弦理論極度著迷,而黎曼幾何(以及由它衍生出的共形幾何)
則是這些理論的數學基礎。此外,黎曼幾何在電腦圖形學和
三維地圖繪製等領域都有廣泛的應用,特別是在電腦圖形學
中,今天電腦動畫的生成就離不開它。

　　透過非歐幾何誕生的過程,我們能夠進一步理解公理的

重要性。可以說，有什麼樣的公理，就有什麼樣的結果。數學的美妙之處就在於它邏輯的自行推演性和系統之間的和諧性。黎曼等人修改了一條平行公設，因為改得合理，所以並沒有破壞幾何學世界，反而演繹出新的數學工具。但是，如果胡亂修改其他一條公設，例如，把垂直公設給改了，幾何學世界就會崩塌了。

同時，數學是工具，而一類工具可能有很多種，它們彼此甚至是等價的。在不同的應用場景中，有的工具好用，有的用著很費力。這就如同一字起子和十字起子，二者在功能上大同小異，但有些需要用十字起子的地方如果換成了一字起子，就無法得心應手。愛因斯坦的過人之處之一，就在於他善於找到最稱手的數學工具，去證明了他的理論。

關於繪製地圖，
你必須知道的是……

四色地圖問題

思考　用電腦證明數學問題是絕對準確的嗎？

　　你一定看過花花綠綠的地圖，只要仔細觀察，就會發現地圖中相鄰區域顏色是不重複的，這樣才能便於我們查看，那麼繪製一張地圖最少需要幾種顏色呢？標題告訴了你是四種。例如，下面這張圖，各地區的邊界非常複雜，但是四種顏色也完全夠用了。

　　這是我們從實際經驗中得到的結論，而數學上證明這個「四色地圖問題」（後來也被稱為「四色定理」）的時間並不算久遠。西元 1976 年，人類第一次在電腦的說明下解決了這一數學難題。那時我年紀很小，還沒有接觸到電腦，但當我聽父親說起這件事時，腦海裡便不由得浮現出一個想法：電腦非常聰明，可能已經超過了人類。後來，這件事或多或

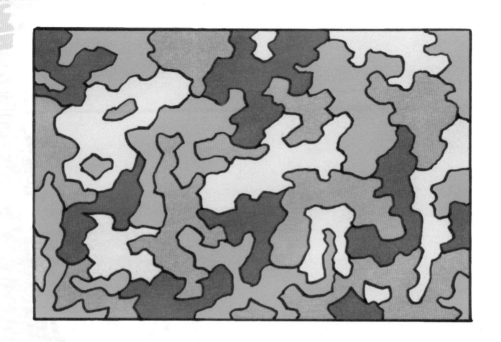

少地影響了我選擇電腦專業。

圖論與四色地圖問題

　　四色地圖問題由來已久，最早是由南非數學家法蘭西斯·古德里在西元 1852 年提出來的，在還沒有被證明之前，它也被稱為「四色猜想」。這個猜想被提出之後，就引起了數學家的關注。要證明這個問題需要有一個可用的數學工具——圖論。下面我們就來看看圖論和這個問題之間的關係。

假設我們找到了「數學王國」的地圖。

　　我們把每一個地區變成一個節點，把相鄰的兩個地區之間加入一條邊連接，就形成了下面這張圖。這是圖論中標準的圖，有節點，有連接它們的邊。注意，在這張圖中，邊不能交叉，例如，我們無法增加一條從「F」到「I」的邊，因為它和「E」到「J」的邊交叉了。事實上，將平面地圖轉化

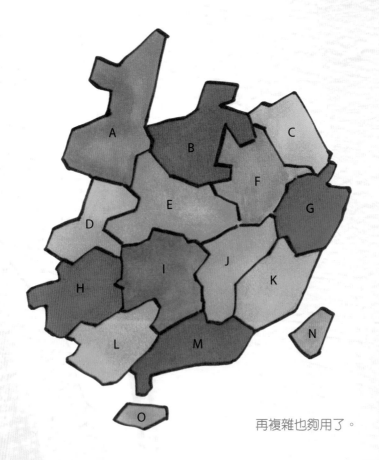

再複雜也夠用了。

為圖論中的圖，是不可能產生交叉的邊的，但是如果在三維空間中畫地圖，是有可能產生相互交叉的邊。後一種情況我們在這裡先不討論。

在這樣一個由節點和邊構成的圖中，四色地圖問題可以被描述成：對圖中的節點染色，透過任意一條邊相鄰的節點顏色不能相同，且只需要四種顏色。右圖是一種合規的染色方法，只用了四種顏色。

接下來我們說說證明這個定理的思路。

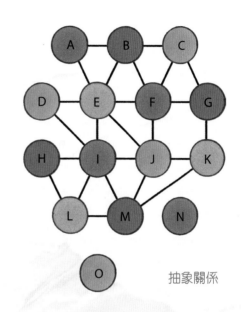

抽象關係

證明它的過程要用到數學歸納法。首先，如果地圖中只有五個區域，對應的圖最複雜的連接方式就是左圖這種。顯然這樣一張圖我們可以用四種顏色染色。

接下來，我們假設有

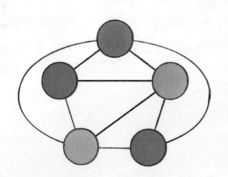

第六個節點加入進來，也就是地圖上的某個區域被分為兩部分。如果新的節點只和之前三個節點相連，我們把這三個節點以外的第四種顏色給第四個節點就可以了。

如果新的節點和四個或者五個節點相連，情況就複雜了，我們有可能已經用完了四種顏色。這時就要在原來已經染色的節點之間互換顏色，讓新的節點有一個其他節點沒有用過的顏色。例如，在上面這種情況中，我們把藍色的節點換成黃色，這樣藍色就可以留給中間這個新加入的點。

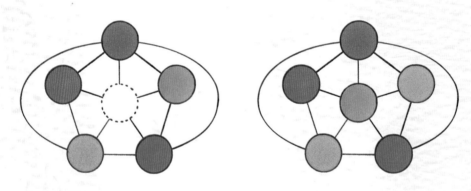

數學家的探索歷程

西元 1879 年，英國數學家阿爾弗雷德·肯普發表了一篇論文，說明對於任何邊不交叉的平面圖，這種換顏色的方法都行得通。當時的數學家並沒有發現他的證明過程有什麼

問題，因此他被封為了爵士。

　　遺憾的是，11 年後，也就是西元 1890 年，另一名英國數學家彭西・希伍德找到了一個反例，在那個反例中，肯普換顏色的方法不管用了，也就是說四色地圖問題其實還沒有得到證明。彭西・希伍德同時證明了，只要把條件稍微放寬一點，把四種顏色改成五種顏色，問題就很簡單了，肯普換顏色的方法就管用了。因此他把這個問題的陳述稍做修改，改成了給任何地圖染色，需要不超過五種顏色，這個結論也被稱為「五色地圖定理」。

　　那麼，到底是四色還是五色呢？在隨後將近 100 年的時間裡，數學家不斷努力，證明了四色地圖問題的許多種情況，但總是有遺漏，這樣不斷被發現遺漏的證明確實不夠嚴謹。

它就是計算界的№ 1！

　　時間到了西元 1970 年代，美國伊利諾大學的數學家凱尼斯・阿佩爾和沃夫岡・哈肯空閒時開始思考這個問題，和其他人不一樣的是，他們利用電腦，把可能的情況都列舉了出來。他們發現四色地圖問題一共有 1834 種情況（後來有人發現有些情況其實是相同的，只有 1482 種真正不同的情況）。每一種情況也都可以由電腦幫忙驗證，能否透過換顏色的方式給新的節點一個不同的顏色。在一名電腦工程師的說明下，他們讓 IBM 360 電腦運行了 1200 多個小時，驗證了每一種情況都可以用四種顏色給地圖染色。於是，他們宣

布在電腦的說明下證明了這個著名的數學問題。

　　阿佩爾和哈肯的成果一經發表，就在世界上引起了轟動。這不僅是因為他們證明了一個複雜的數學問題，更關鍵的是，他們居然利用電腦來證明數學題，這顛覆了絕大部分人的認知，甚至一些傳統的數學家拒絕接受這樣的結論。他們認為，一個數學定理的證明需要用人腦和邏輯，而不是用電腦把所有的情況列舉出來。

　　西元 1979 年，著名的邏輯哲學和數學哲學家托瑪斯‧蒂莫茲佐發表了《四色定理及其哲學意義》一文，不承認這

個假設已被證明。他提出了兩個主要的論點：第一，電腦的每一步運算，無法透過人工進行核查審閱，因為這個工作量是人無法承受的；第二，電腦輔助的證明過程無法用邏輯表示出來。不過今天，人們已經認可了這種透過電腦說明證明數學題的作法，因為人們已經意識到，這不過是借助天文望遠鏡發現新星和用肉眼發現新星的區別。

在隨後的十多年裡，依然有人試圖找出阿佩爾和哈肯證明的漏洞，特別是找到他們沒有發現的情況。事實上，阿佩爾和哈肯的證明確實存在小漏洞，不過那些漏洞都不致命，後來都補上了。至於一些人找到的所謂反例，也被證明不是反例。最終，在西元 1989 年，這個定理的證明過程才最後定稿，並以單行本的形式出版，整個證明過程超過了 400 頁。

四色定理的證明，最大的意義不在於這個難題被解決了，而在於電腦被引入證明數學定理的過程中，這將對數學的發展帶來革命性的變化，它的意義相當於用蒸汽機取代人力完成勞動。

今天，用電腦證明數學問題已經被大家接受，為了確保電腦證明的可靠性，西元 2004 年 9 月，數學家喬治‧龔提爾使用了證明驗證程式 Coq 來驗證當時交給電腦證明的過

程。證明驗證程式是一個由法國開發的軟體，能夠從邏輯上驗證一段電腦程式是否正常運行，並且是否達到了它應該達到的邏輯目的。驗證顯示，四色定理的機器驗證程式確實有效地驗證了所有可能性，完成了數學證明的要求。有了證明驗證程式，電腦證明數學問題的有效性就有了保障。

麥哲倫的船隊只能
證明地球是圓的嗎？

龐加萊猜想和拓撲學

思考 地球有可能是個甜甜圈形狀嗎？

　　在大航海時期，麥哲倫的船隊從西班牙出發，一路向西，經過兩年多時間，又回到了西班牙，完成了首次環球航行。他證實了地球是圓的，因為從圓球上一個點出發，環繞一圈可以回到同一個點。但如果地球是橢圓球的形狀，或者紡錘形狀，麥哲倫轉一圈也都能回到原點。

本質相同

這樣幾個不同形狀的三維體，它們之間顯然具有相同的性質。想像一下，如果我們有一個永遠不會破裂的氣球，將它擠擠捏捏，就能揉出上面這幾個形狀。對此，數學家建議把它們歸為一類進行研究。我們甚至還可以把氣球塞進一個三稜錐體或者正方體的盒子中，將它們擠壓成這兩種形狀。

但是我們永遠無法在不損壞氣球的情況下，將原本是球形的氣球揉成甜甜圈的形狀。也就是說，甜甜圈的形狀和球形一定存在性質上的不同之處。在西元 19 世紀，數學家覺得有必要研究這些不同形狀幾何體之間的關係，於是就發展出一個新的數學分支——拓撲學。

什麼是拓撲學？

拓撲學和圖論、幾何學都有一定的關聯性，但是又都不同。拓撲是「topology」的音譯詞語，意思是與地形、地貌相類似的科學，最早由萊布尼茲提出，後來發展為有關「圖形的連續性和連通性」的一個數學分支。

和幾何學不同的是，拓撲學不關心物體的形狀、面積、體積等，只關心內部的連通性。例如，在幾何學中，正方形

和圓形是完全不同的,在拓撲學中它們則被認為是等價的。

拓撲學和圖論也大不相同,雖然它們都涉及圖的抽象結構和連通性,但是圖論關心的是能否從一個節點出發到達另一個節點、有多少條路徑、最短的路徑是什麼等問題,而拓撲學只關心抽象的幾何圖形在各種變形(例如:拉伸、扭曲、皺縮和彎曲)下是否保持屬性不變,例如:沒有孔、撕裂、黏合或穿過自身等特性。例如,一個球,怎樣經過幾個步驟變成一頭小牛。

　　在拓撲學中,如果一個幾何體能夠透過一系列變化變成另一個幾何體,它們就被稱為等價。例如,上面圖中的小牛就和球體等價,但它和下面的甜甜圈不等價,因為從甜甜圈出發無法變出小牛。

再告訴你一個有趣的結論，在上圖中，甜甜圈和茶杯是等價的，這可能需要一些想像力來理解。

在拓撲學中，有一個非常基本又非常著名的問題，就是「龐加萊猜想」。

龐加萊猜想

龐加萊是法國數學家，也是拓撲學的先驅之一。在西元 1904 年，他提出一個命題，任何單連通的、封閉的三維流形都和一個球面等價。這個命題被稱為「龐加萊猜想」。

在這個命題中，有幾個概念需要解釋一下。

什麼是封閉的三維流形呢？簡單地講，它就是一個沒有破洞的封閉三維物體。什麼是單連通呢？如果我們伸縮一根圍繞柳丁表面的橡皮筋，那麼我們可以既不扯斷它，也不讓它離開表面，使它慢慢移動收縮為一個點。例如，在下頁圖

中，綠色的橡皮筋套在柳丁上，如果讓它向上收縮，它就能收縮到柳丁的頂點，以此類推，藍色的橡皮筋往左邊收縮，也會收縮到一個點。在這個過程中，我們不需要把橡皮筋搞斷，也不需要破壞柳丁。這個柳丁，就是二維流形的單連通體。

但如果是一個甜甜圈，這件事就做不到，例如，右圖中紅色或者黃色橡皮筋無論如何都無法離開甜甜圈的表面，只能透過把甜甜圈搞壞才能收縮到一點。這個甜甜圈就不是單連通的。

再例如，下面的兩個三維體也不是單連通的，而我們常見的立方體、橢圓體、三角錐，都是單連通的。

龐加萊猜想講的是，所有單連通的物體，包括我們前面講到的橢球、紡錘、橄欖球，甚至立方體和三稜錐體，在拓撲學上都和球面

等價。要證明這個看似簡單的命題，其實並不容易。

　　龐加萊猜想在被提出後，都沒有太多的人關注，西元 1961 年，美國數學家史蒂芬・斯梅爾發現在高維空間裡，這個猜想容易被證明。他率先證明了在五維以上的空間裡龐加萊猜想是成立的，他也因此獲得了西元 1966 年的菲爾茲獎，後來獲得了數學領域的終身成就獎——沃爾夫獎。西元 1981 年，美國數學家麥克・弗里德曼證明了四維空間的龐加萊猜想，他也因此獲得了西元 1986 年的菲爾茲獎。但是，三維空間的情況卻比高維空間更複雜，大家一直沒有解決。

　　因此，在西元 2000 年的時候，美國克雷數學研究所確定了 7 個千禧年數學問題，就包括龐加萊猜想，而解決這個猜想的是數學界的怪才格里戈里・裴瑞爾曼。

純粹的裴瑞爾曼

　　西元 1966 年，裴瑞爾曼出生於聖彼得堡，當時那裡還叫列寧格勒。西元 1982 年，16 歲的他參加了一次國際數學奧林匹克競賽，以罕見的滿分獲得了金牌。之後他進入聖彼得堡國家大學數學和力學系，獲得了博士學位，在聖彼得堡

蘇聯科學院的斯捷克洛夫數學研究所工作。到西元 1990 年代，他又到美國做博士後進修，先後在美國的柯朗研究所、紐約州立大學石溪分校以及加州大學伯克利分校擔任研究員。

在**伯克利分校**，裴瑞爾曼解決了「靈魂猜想」問題，這是黎曼幾何和拓撲學中的一個重要問題。裴瑞爾曼的證明方式非常巧妙，因此震驚了

note

伯克利分校是美國數學研究的中心之一，那裡的數學系和麻省理工學院數學系齊名，最初在龐加萊猜想研究中取得突破的斯蒂芬·斯梅爾就是那裡的教授。而隨後取得突破的邁克爾·弗里德曼也是從伯克利分校畢業的。

世界數學領域，當時包括普林斯頓大學和史丹佛大學在內的名校都聘請他去當教授，但是都被他一一拒絕了。

UNIVERSITY OF CALIFORNIA BERKELEY

西元 1995 年夏天，裴瑞爾曼賺了大約 10 萬美元，這大概相當於當時俄羅斯工程師 10 年的薪水。他覺得這些錢已經足夠他一生的開銷，於是又回到了俄羅斯的斯捷克洛夫數學研究所，潛心研究數學。

回國後，裴瑞爾曼的生活非常節儉，他住在母親的老公寓裡，每個月只花費約 100 美元的積蓄，全部的時間都用來研究數學問題。在隨後的幾年裡，他在幾何學方面取得了不少研究成果。

在西元 2002 年 11 月至西元 2003 年 7 月之間，裴瑞爾曼完成了對龐加萊猜想的證明。和科學家的一般作法不同，他沒有將自己的成果投稿到任何一家數學雜誌上，而是將論文直接貼到了預發表網站 **arXiv.org** 上。

在西元 2002 年，這種作法並不普遍，

note

如今，很多科學家為了確保自己在某一項研究中是全世界第一個取得成果的，有時會先把成果和論文的摘要透過 arXiv.org 網站公布出來。特別是在一些熱門的研究領域，例如，人工智慧領域，學者們常會這麼做。畢竟從投稿到發布，常常需要一年的時間，其間就存在別人搶先發布結果的可能。

特別是在數學領域。裴瑞爾曼這麼做倒不是擔心有人搶在他前面證明出這個數學難題，而是數學難題，而是他不在乎他的論文是否被出版，也不在乎名聲。他直接把自己的證明過程用三篇論文的方式貼到網站上，讓全世界最好的數學家來評判和驗證，這個舉動立刻在全世界數學界引起了轟動。

為了表彰裴瑞爾曼的貢獻，菲爾茲獎委員會決定在西元2006 年 8 月舉行的第 25 屆國際數學家大會上授予裴瑞爾曼菲爾茲獎，但裴瑞爾曼拒絕了。不過名義上，這一年的菲爾茲獎依然給予了裴瑞爾曼。

西元 2010 年 3 月 18 日，美國克雷數學研究所對外公布，俄羅斯數學家格里戈里・裴瑞爾曼因為破解龐加萊猜想而榮膺高達 100 萬美元獎金的千禧年問題大獎。這筆錢對於生活拮据的裴瑞爾曼其實很重要，但是裴瑞爾曼還是拒絕了這筆獎金，理由是克雷數學研究所的決定「不公平」，他認為美國數學家理查・哈密頓在這個問題上的貢獻更大，雖然哈密頓並沒有直接證明這個猜想。

或許在裴瑞爾曼看來，解決數學難題的成就感遠比金錢和榮譽更重要。也只有像裴瑞爾曼這樣純粹的人，才能心無旁騖地解決龐加萊猜想這樣的難題。

由於裴瑞爾曼習慣了獨來獨往，他出名之後，很多人都想採訪他，但是他都避而不見，甚至辭去了斯捷克洛夫數學研究所的工作。因為記者和數學愛好者找不到他的蹤影，於是在俄羅斯又出現一個新的謎題——裴瑞爾曼在哪裡。

龐加萊猜想的證明填補了拓撲學的重要環節，讓拓撲學的很多定理都順帶被證明了，從此拓撲學變得越加完善，在數學上的意義也非常重大。

宇宙大爆炸
就是一個熵增的過程

熵：度量資訊的公式

思考 你能準確地描述出你的房間有多亂嗎？

今天的我們身處資訊時代，在媒體上也經常看到「訊息量很大」這樣的字眼，但是你知道訊息量是如何度量的嗎？

不清楚是正常的，人類瞭解如何量化度量資訊是在二戰之後的事情，歷史並不長。人們第一次聽到量化度量資訊是在二戰後紐約的比克曼討論會（也稱梅西控制論會議）上。那是在西元 1946-1953 年期間，由小喬賽亞‧梅西基金會資助，在紐約最有歷史的比克曼酒店不定期舉行的一系列講座和討論會，參加會議的都是當時的頂級科學家，例如：有對電腦做出巨大貢獻的數學家馮‧諾伊曼和圖靈，提出控制論的維納，以及提出資訊理論的夏農等人。因此，這是人類歷史上繼索爾維會議之後第二種最聰明頭腦的大聚會。

什麼是資訊？

　　最初的幾次比克曼會議最熱門的話題是控制論，但是從
西元 1950 年 3 月 22- 23 日的那次會議開始，資訊理論成為
大家討論的中心。那次會議的主要報告人是克勞德‧夏農
（Claude Shannon），他表達了什麼是資訊。雖然在此之前
馮‧諾伊曼已經花了不少口舌給大家做鋪墊，但是夏農的報
告還是顛覆了所有人的認知，他的結論對於大家的衝擊堪比
45 年前愛因斯坦相對論對物理學界的衝擊，很多科學家都難
以接受。

　　夏農一上來就開宗明義，告訴大家所謂資訊的涵義根本
不重要，甚至很多資訊就沒有涵義，重要的是其中所包含的

訊息量。

夏農認為，所謂資訊，不過是對一些不確定性的度量，而不是具體的內容。該怎麼來理解這句話呢？不妨看這樣一個例子。

假如要舉行世界盃足球賽，大家都很關心誰會是冠軍。假如你在世界盃期間正好去火星訪問，回到地球時冠軍已經揭曉了。你向同學打聽比賽結果，那位同學不願意直接告訴你，而要讓你猜，並且每猜一次，他要收 1 元錢才肯告訴你是否猜對了，那麼你需要付給他多少錢才能知道誰是冠軍？其實你付給他的錢數，就是「世界盃冠軍是誰」這條資訊的訊息量。

我們可以把球隊編上號，從 1 到 32。一個不動腦子的孩子可能會問，是不是第 1 支球隊，是不是第 2 支球隊，一直問到第

32 支球隊。這樣他肯定會得到答案，但是付出的錢太多了。實際上，「世界盃冠軍是誰」這條資訊沒那麼值錢。比較聰明的作法是這樣提問：「冠軍球隊在 1-16 號中嗎？」假如他告訴你猜對了，你接著問：「冠軍在 1-8 號中嗎？」假如他告訴你猜錯了，你自然知道冠軍隊在 9-16 號中。這樣只需要 5 次，你就能知道哪支球隊是冠軍。所以，誰是世界盃冠軍這條消息的訊息量只值 5 元錢。

當然，夏農不是用錢，而是用「位元」（Bit）這個概念來計算訊息量。一個位元是一位二進位數字，電腦中的一個位元組是 8 位元。在上面的例子中，這條消息的訊息量是 5 位元。大家可能已經發現，訊息量的位元數和所有可能情況的對數函數 log 有關（$\log_2 32 = 5$）。

如果你有一點足球的知識，實際上可能不需要 5 次就能猜出誰是冠軍，因為像巴西、德國、義大利、法國、阿根廷這樣的球隊獲得冠軍的可能性比日本、韓國等球隊大得多。因此，第一次猜測時不需要把 32 支球隊等分成兩個組，而可以把少數幾支最可能得冠軍的熱門球隊分成一組，把其他隊分成另一組，然後猜冠軍球隊是否在那幾支熱門隊中。

重複這樣的過程，根據奪冠機率對剩下的候選球隊分組，直至找到冠軍隊。這樣，也許 3 次或 4 次就能猜出結果。因此，當每支球隊奪冠的機率不相等時，「世界盃冠軍是誰」的訊息量比 5 位元還少。

訊息量的計算

夏農指出，它的準確訊息量應該是：

$$H = -(p_1\log_2 p_1 + p_2\log_2 p_2 + \cdots\cdots + p_{32}\log_2 p_{32})$$

其中，P_1、P_2、……P_{32} 分別是這 32 支球隊奪冠的機率。夏農把它稱為「資訊熵」（entropy），一般用符號 H 表示，

對於任意一個事件 X，假如它有 x_1、x_2、……x_k 種可能性，那麼關於它的資訊熵就是：

$$H(X) = -(p_1\log_2 p_1 + p_2\log_2 p_2 + \cdots + p_k\log_2 p_k) = -\sum_{i=1}^{k} p_i\log_2 p_i$$

如果我們想搞清楚事件 X 到底結果如何，就需要瞭解資訊，而瞭解的訊息量不能少於這個不確定性事件的資訊熵。夏農的這個公式被認為和畢氏定理 $a^2 + b^2 = c^2$、牛頓第二定律的公式 $F = ma$，以及愛因斯坦質能方程式 $E = mc^2$ 一樣，是人類所知道的幾個最重要的數學公式之一。

熵的意義

夏農為什麼用「熵」這個詞來定義訊息量呢？有兩個原因。

首先，熵是由物理學家創造的一個熱力學概念，它可以用來衡量一個封閉系統的不確定性。也就是說，如果一個系統裡面越混亂，越不確定，熵就越高；相反地，如果這個系統越有序，熵就越低。對於一個資訊系統也是如此，如果我

們對它瞭解得越多，熵就越低；對它瞭解得越少，熵就越高；如果對它完全確定，熵就等於 0；對它一無所知，熵就達到最大值。也就是說，熱力學系統和資訊系統有很大的相似性。

其次，可以證明熱力學中定義熵的公式和資訊中定義熵的公式是等價的。

有了「不確定性」和「熵」這兩個概念，夏農就能解釋什麼是資訊，以及資訊的作用了。**所謂資訊，是用來減少對於系統不確定性所需要的東西**。例如，我們想瞭解世界盃冠軍是誰，這對於尚未知道結果的我們來講是一件不確定的事情，而我們得到了有關它的一些資訊，就減少了不確定性。瞭解的資訊越多，消除掉的不確定性也就越多，對於結果的

確定性就越高。當然，要想徹底消除一個系統的不確定性，所需要的資訊不能低於它的資訊熵。

《史記》的訊息量

夏農以資訊熵為核心的資訊理論，具有劃時代的意義。在此之前，人們對於處理資訊。例如：加密、傳輸和儲存資訊，完全沒有理論依據，都是憑藉經驗來。這樣就導致了很多混亂的情況。例如，看似安全的密碼其實很容易被破解；在傳輸時，會丟失資訊，以至產生誤解等等。有了資訊理論之後，人類就知道該如何有效地加密、存儲和傳輸資訊了。

例如，我們可以用熵的計算公式，估算一本 50 多萬字的《史記》裡面含有多少資訊。為了簡單起見，我們就假定它的字數是 50 萬。接下來的問題，就是裡面每個漢字含有多少訊息量。我們常見的漢字有 7000 個左右，如果用二進位表示，需要 13 個二進位，也就是 13 位元。不過由於漢字的使用頻率不同，前 10％的漢字占常用文本的 95％以上，這就如同參加世界盃的各隊奪得冠軍的可能性不同一樣。

如果把每個漢字出現的頻率代入資訊熵的公式計算，我

們就會發現其實只需要用大約 5 位元就能表示一個漢字了。也就是說,《史記》中每個漢字的平均訊息量大約是 5 位元,於是《史記》的訊息量大約就是 50 萬 × 5 ＝ 250 萬位元,相當於 320kB(千位組)。

　　瞭解了《史記》所包含的訊息量之後,我們就可以設計一種編碼方法,用 0 和 1 將《史記》中的漢字進行編碼,最後用大約 250 萬個位元,即 320kB,就可以把《史記》這本書保存下來了。雖然我們所保存的那些 0 和 1 沒有什麼意義,但是它們可以和《史記》中的資訊對應起來,於是我們就可以透過那些 0 和 1 恢復出《史記》。這其實就是今天電腦保存資訊的方法。

　　那麼保存《史記》最少需要多少儲存空間呢?如果我們用資訊理論給出的方法,將這本書壓縮一下,大約就需要 320kB 的空間。如果我們太貪心,還想進一步壓縮它,有沒有可能做到呢?答案是否定的,因為資訊熵是我們壓縮的極限,我們突破不了這個極限。如果我們違背了資訊理論的規律,強制壓縮,那麼得到的訊息量就不足以還原這本書。

　　也就是說,這本書就不具有確定性了,裡面會有很多內容丟失。以此類推,如果我們要傳遞這本書,從理論上講,

如果我們的網路每秒可以傳遞 4MB（百萬位元），大約不到 0.1 秒就可以傳遞完成。但是如果我們一定要在 0.05 秒的時間內傳遞完它，很多內容自然會丟失，接收方得到的資訊就會出錯。

　　由此可見，有了資訊理論這個量化度量資訊多少的工具，和資訊相關的工作才有了理論依據，整個資訊產業才得以發展起來。而整個資訊產業就是建立在這樣一個看似並不複雜的資訊熵的公式之上的。

未來數學的突破
要靠年輕的你們！

千禧年問題

思考　你對哪個千禧年問題最感興趣？

　　解決數學難題，一直是人類的追求，當然，同樣是難題。它們的重要性也有所不同，有些問題一旦得到解決，整個學科就會大大地向前發展。

100 年的回應

　　西元 1900 年，德國著名的數學家大衛・希爾伯特提出了 23 個歷史性的數學難題，它們反映出當時數學家對數學的思考。經過 100 年，有十幾個難題得到了解決，或者已被部分解決，它們對科學的發展幫助極大。西元 2000 年，美國克雷數學研究所公布了當今的 7 道數學難題，作為對 100

100 多年後的同學們，加油！

年前的希爾伯特的回應。在西元 2000 年這次的數學大會宣布這些問題前，會議首先播放了西元 1930 年希爾伯特退休時演講的錄音，包括他的名言：「我們必須知道，我們必將知道！」這句話反映了人類對未知孜孜不倦的探索。隨後，兩位美國數學家登場，他們分別宣布了 3 道和 4 道數學題。由於那一年是千年的整年，這 7 個問題也被稱為「千禧年問題」。克雷數學研究所還對這些問題設立了獎金，每個 100 萬美元。由於這些問題的證明過程不可能簡單，因此一旦有人宣布證明了某道題，就要由一個專家小組花兩年時間審核，審核通過才能獲得獎金。

這 7 個千禧年問題不是隨便確定的，它們所關注的領域都和今天的科技發展密切相關。它們的破解會極大地推動物理學、電腦科學、密碼學、通信學等學科取得突破性進展。在確定這些問題的過程中，克雷數學研究所諮詢了世界上其他頂尖數學家，包括解決了費馬最後定理的懷爾斯等人。它設立獎金是為了引起大眾對數學研究的關注，特別是鼓勵人們尋找難題的答案。

7 個千禧年問題

龐加萊猜想

它已經被解決，而且是唯一被解決的千禧年問題。

NP 問題

它涉及電腦的可計算性問題。

霍奇猜想

在 7 個千禧年問題中，這個問題是非專業人士最難理解的。它最初是由英國數學家威廉・霍奇在西元 1941

年提出的，但在他西元於 1950 年國際數學家大會上發表演講之前，幾乎沒有受到關注。準確地描述霍奇猜想需要用到不少高深的數學概念，這裡我們用龐加萊猜想做比喻來示意一下。

在龐加萊猜想中，我們可以把各種單連通的幾何體等價於一個球。相比各種形狀很怪的幾何體，球就顯得特別漂亮。因此，我們可以認為球是各種單連通幾何體簡單而近似的描述。

今天，我們都很難想像高維空間的樣子，因為我們無法在三維空間畫出高維空間。但是，在數學上，我們能描述各種高維空間，它們各不相同，有些高維空間可能以某種方式連通，有些可能有洞。霍奇猜想講的是，我們可以構建出一個「漂亮的」高維空間，作為其他類似高維空間的近似。如果這個想法成立，我們就可以透過解析函數的微積分來對各種複雜的高維空間進行研究，使人們能夠間接地理解那些難以視覺化的高維空間裡的形狀和結構。

霍奇猜想不僅是 7 個千禧年問題之一，也是西元 2008

年美國國防部高級研究計畫局所選出的 23 個最具挑戰性的數學問題之一，該機構還出錢資助這些問題的研究。

4　黎曼猜想

這也是一個尚未被解決的希爾伯特問題。黎曼猜想的主題是研究質數分布的問題，這對我們今天的加密有很大的意義。

5　楊 - 米爾斯理論的存在性與質量間隙

大家對這個問題的涵義不必太在意。對於這個問題，我們只需要強調兩點。

首先，這是由楊振寧先生和他的學生米爾斯共同提出的，今天它有時又被稱為楊 - 米爾斯理論。它是對狄拉克電動力學理論的完善。經典的楊 - 米爾斯理論的核心是一組非線性偏微分方程式，也被稱為楊 - 米爾斯方程式。這個千禧年問題是要證明楊 - 米爾斯方程式組有唯一解，而這個問題的解決，關乎理論物理學的數學基礎，或者說能否有一個在數學上完整的量子規範場論。

其次，物理學家普遍相信這個問題的答案是肯定的，而

且已經有物理學家基於這個理論開展工作並獲得了諾貝爾獎。但是這個問題的解決前景非常不樂觀，數學界普遍認為這個問題太難了。楊振寧先生的這個理論，重要性其實一點不亞於他獲得諾貝爾獎的工作。如果在楊振寧先生的有生之年證明了這個問題，他很有可能再次獲得諾貝爾獎。

6 納維 - 斯托克斯方程式解的存在性與光滑性

這是一個流體力學的問題。

納維 - 斯托克斯方程式是一組描述液體和空氣等流體運動的偏微分方程式，它是以西元 19 世紀法國工程師兼物理學家克洛德 - 路易‧納維和愛爾蘭物理學及數學家喬治‧斯托克斯兩人的名字命名的。

在流體力學中，一種最常見的流體被稱為牛頓流體，這種流體的變形和流體的黏性、所受到的壓力，以及內部應力滿足一定的關係。納維 - 斯托克斯方程式是用來描述這種流體中任意一個地方所受力的情況。

在現實生活中，許多有關流體的物理過程都可以用納維-斯托克斯方程式來描述，例如：模擬天氣、洋流、管道中的水流、星系中恆星的運動、飛機機翼周圍的氣流、人體內血液循環的情況，以及分析液體和氣態汙染物傳播的效應，等等。但是，納維-斯托克斯方程式並沒有解析解，至少今天還沒有找到，也就是說，我們無法透過一些公式把這些方程式的解寫出來。今天，都是用大型的電腦來尋找數值解，即對某個具體問題找到一個誤差範圍內的近似解。

納維-斯托克斯方程式解的存在性與光滑性問題就是希望能夠找到這個方程式組的解析解，即便找不到，也希望瞭解這些解的基本性質。

貝赫和斯維訥通 - 戴爾猜想

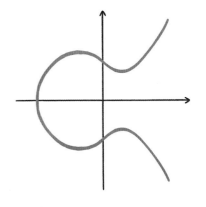

這其實是一個橢圓曲線問題。橢圓曲線是數論研究的重要領域，我們在《原來如此：數學是門好學問》提到的安德魯·懷爾斯對費馬最後定理的證明用到的主要工具就是橢圓曲線。事實上，貝赫和斯維訥通 - 戴爾猜想的官方陳述就是由懷爾斯寫的。今天的比特幣加密，也是利用橢圓曲線驗證解和求解在時間上的不對稱性來實現的。因此，這個問題有非常明確的應用場景。

從這 7 個問題我們可以看出，今天即使是理論性最強的純數學研究，也和當前人類面臨的很多實際問題相關，例如，有三個問題直接和電腦加密有關，其他問題和宇宙學、力學等相關。因此，那些看似無用的智力遊戲其實有大用場。這 7 個問題都很難，除了龐加萊猜想被證明了，解決其他幾個問題還有很長的路要走。

後記

我們必須知道，我們必將知道！

西元 2000 年，美國克雷數學研究所在公布 7 個千禧年問題的數學大會上，播放了西元 1930 年著名數學家希爾伯特的退休演講。那段演講既是對數學發展的總結，又是對數學未來的展望。

希爾伯特是歷史上少有的全能型數學家。希爾伯特一生致力於將數學的各個分支，特別是幾何學，實現非常嚴格的公理化，進而將數學變成一個大一統的體系。希爾伯特因此提出了大量的思想觀念，並且在許多數學分支上都做出了重大的貢獻。西元 20 世紀很多量子力學和相對論專家都是他的學生，或者是他學生的學生，其中很有名的一位是約翰．馮紐曼。

西元 1926 年，海森堡來到哥廷根大學做了一個物理學的講座，講了他和薛丁格在量子論中的分歧。當時希爾伯特已經 60 多歲了，他向助手諾德海姆打聽海森堡的講座內容，諾德海姆拿來了一篇論文，但是希爾伯特沒有看懂。馮．諾伊曼得知此事後，用了幾天時間把論文改寫成了希爾伯特喜

聞樂見的數學語言和公理化的組織形式，令希爾伯特大喜。不過，就在希爾伯特退休後的隔年（西元 1931 年），令他感到沮喪的是，25 歲的數學家哥德爾證明了數學的完備性和一致性之間會有矛盾，讓他這種數學大一統的想法破滅。

西元 1930 年，希爾伯特到了退休的年齡，此時他已經 68 歲了。他欣然接受了故鄉柯尼斯堡的「榮譽市民」稱號，回到故鄉，並在授予儀式上做了題為《自然科學（知識）和邏輯》的演講，然後應當地廣播電台的邀請，他將演講最後涉及數學的部分再次做了一個較短的廣播演說。

這段廣播演說從理論意義和實際價值兩方面深刻闡釋了數學對人類知識體系和工業成就的重要性，反駁了當時的「文化衰落」與「不可知論」的觀點。這篇 4 分多鐘的演講洋溢著樂觀主義的激情，最後那句「我們必須知道，我們必將知道」擲地有聲，至今聽起來依然讓人動容。我們就以希爾伯特的這段演講作為全書的結束語。

促成理論與實踐、思想與觀察之間的調解的工具，是數學，它建起連接雙方的橋樑並將其塑造得越來越堅固。因此，我們當今的整個文化，對理性的洞察與對自然的利用，都是建立在數學基礎之上的。伽利略曾經說過：「一個人只有學會了自然界用於和我們溝通的語言和標記時，才能理解自然，而這種語言就是數學，它的標記就是數學符號。」康德宣稱：「我認為，在任何一門自然科學中，真實的科學至多只有跟其中的數學一樣多而已。」事實上，我們直到能夠把一門自然科學的數學內核剝出並完全地揭示出來，才能夠掌握它。沒有數學，就不可能有今天的天文學與物理學，這些學科的理論部分，幾乎完全融入數學。這些使得數學在人們心目中享有崇高的地位，就如同很多應用科學被大家讚譽一樣。

　　儘管如此，所有數學家都拒絕把具體應用作為數學的價值尺度。高斯在談到數論時講，它之所以成為第一流數學家最喜愛研究的科學，是在於它魔幻般的吸引力，這種吸引力是無窮無盡的，超過數學其他的分支。克羅內克把數論研究者比作吃過忘憂果的人：一旦吃過這種果子，就再也離不開它了。

　　托爾斯泰曾聲稱追求「為科學而科學」是愚蠢的，而偉大的數學家龐加萊則措辭尖銳地反駁這種觀點。如果只有實用主義的頭腦，而缺了那些不為利益所動的「傻瓜」，就永遠不會有今天工業的成就。著名的柯尼斯堡數學家雅可比曾經說過：「人類精神的榮耀，是所有科學的唯一目的。」

　　今天有的人帶著一副深思熟慮的表情，以自命不凡的語調預言文化衰落，並且陶醉於不可知論。我們對此並不認同。對我們而言，沒有什麼是不可知的，並且在我看來，自然科學也是如此。相反地，代替那愚蠢的不可知論的，是我們的口號：我們必須知道，我們必將知道！

原　書　名　給孩子的數學課
作　　　者　吳　軍
繪　　　圖　白　冰
主　　　編　王衣卉
行　銷　主　任　王綾翊
裝　幀　設　計　evian

第五編輯部總監　梁芳春
董　事　長　趙政岷
出　版　者　時報文化出版企業股份有限公司
　　　　　　　一〇八〇一九臺北市和平西路三段二四〇號
發　行　專　線　（〇二）二三〇六六八四二
讀　者　服　務　專　線　（〇二）二三〇四六八五八
郵　　　撥　一九三四四七二四 時報文化出版公司
信　　　箱　一〇八九九臺北華江橋郵局第九九信箱
時　報　悅　讀　網　www.readingtimes.com.tw
電　子　郵　件　信　箱　yoho@readingtimes.com.tw
法　律　顧　問　理律法律事務所　陳長文律師、李念祖律師
印　　　刷　勁達印刷有限公司
初　版　一　刷　2023 年 6 月 16 日
定　　　價　新臺幣 420 元

 時報文化出版公司成立於一九七五年，並於一九九九年
股票上櫃公開發行，於二〇〇八年脫離中時集團非屬旺
中，以「尊重智慧與創意的文化事業」為信念。

原來如此！數學是個好工具：物理、化學、生
物、天文等學科的基礎，人類的每次重大進步
都離不開數學 / 吳軍文 . -- 初版 . -- 臺北市：時
報文化出版企業股份有限公司, 2023.06
208 面 ; 17×23 公分
ISBN 978-626-353-896-2(平裝)

1.CST: 數學 2.CST: 通俗作品

310　　　　　　　　　　　　112007721

$$V = \frac{\pi r^2 h}{3}$$

$V = a^3$

$sin^2x + cos^2x = 1$

$V = \pi r^2 h$

$a^3 - b^3 = (a-b)(a^2 + ab + b^2)$

$(a+b)^2 = a^2 + 2ab + b^2$

$r = \frac{a}{2}$

$sin2x = 2sinx\,cosx$

$cos\alpha = \frac{b}{c}$

$f(x)$

$S = \pi R^2$

$S = ab$

$y = 2x^3$

$sinx = \frac{a}{c}$

$S = 6a^2$

$d_1^2 + d_2^2 = 4a$

$sin\alpha = \frac{a}{c}$

$a^2 - b^2 = (a-b)(a+b)$

$p = \frac{1}{2}(a+b+c)$

$ax^2 + bx + c = 0$

$V = \dfrac{\pi r^2 h}{3}$

$V = a^3$

$V = \pi r^2 h$

$\sin^2 x + \cos^2 x = 1$

$a^3 - b^3 = (a-b)(a^2 + ab + b^2)$

$(a+b)^2 = a^2 + 2ab + b^2$

$r = \dfrac{a}{2}$

$\sin 2x = 2\sin x \cos x$

$\cos \alpha = \dfrac{b}{c}$

$f(x)$

$S = \pi R^2$

$S = ab$

$y = 2x^2$

$\sin x = \dfrac{a}{c}$

$S = 6a^2$

$d_1^2 + d_2^2 = 4a$

$\sin \alpha = \dfrac{a}{c}$

$a^2 - b^2 = (a-b)(a+b)$

$p = \dfrac{1}{2}(a+b+c)$

$ax^2 + bx + c = 0$